本书获评"复旦大学哲学学院源恺优秀学术辑刊奖"
由上海易顺公益基金会资助出版

科技伦理研究
TECHNOETHICS INQUIRY

[第二辑]

王国豫 主编

科学出版社
北京

内容简介

《科技伦理研究》是由复旦大学哲学学院、复旦大学科技伦理与人类未来研究院主办的学术性专业辑刊。该辑刊由复旦大学科技伦理与人类未来研究院院长王国豫教授担任主编,国内外知名学者组成学术指导委员会,由科学出版社出版发行。常设栏目有:生命医学伦理、大数据伦理与人工智能伦理、科技伦理与治理、科技伦理书评等。

第二辑专栏包括技术伦理概论、生物医学伦理、数字技术伦理、智能技术的伦理与治理等,技术伦理概论介绍技术哲学与伦理融合的历史谱系;生物医学伦理栏目由 5 篇文章组成,主要探讨人类增强、安慰剂效应、生物伦理与人类关系等;数字技术伦理栏目由 4 篇文章组成,主要涵盖数字身份、人机关系、虚拟现实与深度脑刺激等主题;智能技术的伦理与治理栏目由 4 篇文章组成,聚焦智能革命、自动驾驶与智能治理等研究。

《科技伦理研究》可作为高校、科研院所、医院等单位从事科技伦理相关专业的师生与研究人员的参考教材,也可供企事业单位、政府部门的科技管理人员以及社会公众阅读参考。

图书在版编目(CIP)数据

科技伦理研究. 第二辑 / 王国豫主编. --北京:科学出版社,2024.9
ISBN 978-7-03-077472-9

Ⅰ. ①科⋯ Ⅱ. ①王⋯ Ⅲ. ①技术伦理学-研究 Ⅳ. ①B82-057

中国国家版本馆 CIP 数据核字(2024)第 007486 号

责任编辑:邹　聪　陈晶晶 / 责任校对:杨　然
责任印制:吴兆东 / 封面设计:有道文化

科学出版社 出版
北京东黄城根北街 16 号
邮政编码:100717
http://www.sciencep.com

北京富资园科技发展有限公司印刷
科学出版社发行　各地新华书店经销

*

2024 年 9 月第 一 版　开本:720×1000　1/16
2025 年 1 月第二次印刷　印张:14 3/4
字数:200 000
定价:98.00 元
(如有印装质量问题,我社负责调换)

《科技伦理研究》
编辑委员会

主　　编：王国豫
学术顾问：陈　凡　甘绍平　李真真　刘孝廷
　　　　　梅　宏　裴　钢　孙周兴　王红阳
　　　　　王　前　肖　巍　薛　澜　曾　毅
　　　　　翟晓梅　詹启敏　赵宇亮
编　　委：成素梅　邓安庆　段伟文　计海庆
　　　　　李　伦　李正风　刘永谋　田海平
　　　　　王小伟　吴国盛　伍　蓉　徐向东
　　　　　闫宏秀　闫坤如　杨庆峰　尹　洁
　　　　　朱春奎　Hubig, Christoph
　　　　　Mitcham, Carl　Nordmann, Alfred
　　　　　Verbeek, Peter-Paul
执行编委：尹　洁　杨庆峰　朱林蕃

前　言

面向未来的科技伦理研究

科技伦理已经成为我们这个时代的公共话题。

进入 21 世纪以来，以纳米技术、生物技术、大数据与智能技术、认知神经科学为代表的新兴科学技术，一方面已经全面渗透进我们的生活世界，改变了人类的生存方式，使得人类对科技的依赖性日益增强；另一方面，伴随而来的风险和不确定性也引发了人们对科技的怀疑和恐惧：面对无处不在的摄像头，我们还有自己的隐私吗？元宇宙是让理想展翅的自由王国还是人类精神的陷阱？对遗传物质的操纵是否会带来人性的改变？人工智能是人类的工具还是掘墓人？早在 20 世纪 50 年代，京特·安德斯（Guenter Anders）在反思"人在原子弹符号下的存在"时就曾指出，"人类如何存在的问题"现在已经变成了"人类*是否*存在的问题"[1]。世纪交替之际，面对自主机器的崛起，比尔·乔伊（Bill Joy）——太阳（Sun）微系统公司联合创始人和首席科学家发出了"未来不再需要我们"的哀叹。在他看来，如果允许机器自主运行，"我们将会发现人类的命运将掌握在机器手中"。"人类很容易陷入不得不接受机器的自主决定，从而依赖机器生存的境地。"[2]斯蒂芬·霍金也在临终前发出警示："除非我们学会如何准备，并避免潜在的风险，否则 AI 可能成为我们文明史上最糟糕的事件。"[3]发轫于"知识就是力量"的启蒙精神催化了现代科技，定格在

---

[1] 京特·安德斯.2010.过时的人.第一卷 论第二次工业革命时期人的灵魂.范捷平译.上海：上海译文出版社：212.

[2] Joy B. Why the future doesn't need us. https://www.wired.com/2000/04/joy-2/［2022-07-20］.

[3] Kharpal A. Stephen Hawking says A.I. could be 'worst event in the history of our civilization'. https://www.cnbc.com/2017/11/06/stephen-hawking-ai-could-be-worst-event-in-civilization.html［2022-07-20］.

"科技就是力量"的信念中，但是培根也许没有想到，这种力量可能会成为一种异己的力量。事实上，"当原子弹夸大了人类的力量时，化石燃料却悄然间改变了气候"①。科学技术的"集聚"与"持存"，正在反过来将人类内卷于其中。现代科技活动的双重性效应以及其对自然干预的深度和广度，对地球上其他生物的侵害等，构成了对人类存在的挑战。

科技活动的内在风险和不可预测性与不确定性激发了人们对它的危害性的无限遐想，也成为科技伦理反思的起点——"人类为其权力的膨胀付出了他们在行使权力过程中不断异化的代价"②。所以在芬伯格看来，"对狂妄的批判是技术伦理学和技术政治学的基础"③。事实上，从霍克海默到芬伯格，一代代法兰克福学人传承着批判传统，揭示启蒙运动将人变成了神、将科学变成了神话的辩证法，为科技伦理学的诞生准备了批判的武器。然而，作为一个历史事件的启蒙运动虽然已经结束，不等于说启蒙也走到了终点。既然启蒙是人类摆脱蒙昧状态的起点，那么，只要人们对科技还抱有幻想，科技的蒙昧还未被认识，那么，启蒙的任务就没有结束④。因此有必要对科技进行启蒙——重新认识科学技术的本质。

技术不是中性的吗？人们最喜欢使用的隐喻是菜刀：既能切菜，也能杀人。由此看来，技术是合目的的工具。海德格尔认为，将技术看作是工具，这样讲并不错，只是它遮蔽了技术的本质⑤。因为工具是实现目的的手段，目的实现了，工具的任务就完成了。然而，技术是这样吗？技术不是。技术是连接工具和目的的可能性空间。技术填补了自然留下的空间，但同时却打造了一个与自然相抗衡的人工的可能性空间。城市就是一个典型的例证。在这样的环境中，我们获得了自身的安全性和稳定性，但与此同时，城市的形成"篡夺"了自然的地位，牺牲掉了对生命有益的"探索的本质"。阿伦特更是说得明白，

---

① 安德鲁·芬伯格. 2018. 技术体系：理性的社会生活. 上海社会科学院科学技术哲学创新团队译. 上海：上海社会科学院出版社：7.
② 马克斯·霍克海默，西奥多·阿道尔诺. 2006. 启蒙辩证法——哲学断片. 梁敬东，曹卫东译. 上海：上海人民出版社：6.
③ 安德鲁·芬伯格. 2018. 技术体系：理性的社会生活. 上海社会科学院科学技术哲学创新团队译. 上海：上海社会科学院出版社：1.
④ 王国豫. 2011. 从技术启蒙到技术伦理学的构建. 世界哲学，(5)：117.
⑤ 海德格尔. 1996. 海德格尔选集（下）. 孙周兴选编. 上海：上海三联书店：925.

人从自然中"夺取"材料，而"夺取"本身就是对生命过程的"扼杀"或打断了某个自然的缓慢进程①。从此，安全走向了威胁。

于是，"解放了的普罗米修斯正在呼唤一种能够通过自愿节制而使其权力不会导致人类灾难的伦理"②。因为以往的伦理学仅仅是在人的存在的前提下，调节人与人的关系。按照现在的技术发展趋势，人的存在已经不再是理所当然、不可动摇的事实。我们面对的是一个"伦理学的真空"，因此，我们迫切需要一种伦理学，一种通过调节人的行为，确保人类长久续存的伦理学。为了建构一种前瞻式的责任伦理学，让"恐惧的启迪""唤醒人类对存在的责任"，汉斯·约纳斯发出了振聋发聩的呼唤："你的行为必须和人类的持久长存相一致！"我们不能把人的存在作为赌注。哈斯泰特呼吁，将技术自主与人的自律相联系，技术自主不是技术统治，技术自主应该是人的自主，是人对自身有限性和无限性的认识。一个在社会发展中自主的技术将从属于人的自律③。一时间，基于义务论的、消极功利主义的、价值论的或者基于美德伦理学的、女性主义的、实用主义的等林林总总的科技伦理学理论，逐一献出了拯救世界的良方。

然而，为什么有可能导致世界被颠覆的"颠覆性技术"至今仍然如此受欢迎？这是因为所有的人都患有"世界末日失明症"④吗？汉斯·约纳斯告诉我们，摆脱了锁链的普罗米修斯，不仅从科学那里获得了前所未有的力量，而且经济赋予了他永不停息的推动力⑤。

追求美好生活是每个人的基本权利。然而对美好生活的定义却是多元的。我们不仅希望享受舒适便利的线上生活和安全无忧的出行，我们也同样希望为自己的心灵留下一块只属于自己的"自留地"。没错，我们面对的不仅是科学技术的不可预测和不确定的风险，我们还遭遇到多元价值纷争的难题。人类尽管同属一个命运共同体，承认不同文化也共有某些基本价值，但

---

① 汉娜·阿伦特. 2009. 人的境况. 王寅丽译. 上海：上海人民出版社：108.
② Jonas H. 1984. Das Prinzip der Verantwortung-Versuch einer Ethik für die technische Zivilisation. Frankfurt：Insel：7.
③ 王国豫. 2011. 从技术启蒙到技术伦理学的构建. 世界哲学，(5)：117.
④ 京特·安德斯. 2010. 过时的人. 范捷平译. 上海：上海译文出版社：213.
⑤ Jonas H. 1984. Das Prinzip der Verantwortung-Versuch einer Ethik für die technische Zivilisation. Frankfurt：Insel：7.

是在规范层面，即便在同一个文化圈内，我们也很难回避价值冲突。

价值冲突一直是伦理学必须直面的挑战。然而传统伦理学除了贡献各种辩护策略和劝导以外，并不能拿出神丹妙药。既然批判的武器不能代替武器的批判，既然"任何试图批判启蒙的企图，都会被说成是反对启蒙。任何人胆敢开启怀疑启蒙的讨论，就会被贴上反对理性、民主和科学的嫌疑"，那么，何不转向福柯所说的"另类的启蒙"[①]，在米切姆所说的"小问题"上实现科技伦理的"经验转向"？"因为技术创新给我们带来了新的行动可能性，这些可能性并不能简单地运用传统的伦理规则和原则来评估和处理，这种情形要求我们采用一种新的通向伦理学的方法（a new approach to ethics），它可以指导我们做出判断，帮助我们解决由这种新的可能性引起的问题。"[②]

维贝克的"道德物化"理论便成为这一新的伦理学"经验转向"的代表。维贝克没有将伦理学置于技术的对立面，而是主张道德应该覆盖人和非人的人工物。他的思路是：既然技术本身内嵌了道德维度并且可以对人发挥强制（force）、劝告（persuade）、诱导（seduce）的作用，那么，我们何不让技术参与我们的行动伦理学？这样的伦理学"并不专注于某个既有科技究竟在道德上可否接受，而是指向当我们依技术而生存时，我们应当如何增进生活的质量……这意味着伦理学需要更深入关注实践的层面，也就是技术的设计、施行以及使用"[③]。

"哲学家必须被包括进技术的发展过程中，并且与工程师一起工作，特别是在设计过程中。"[④]唐·伊德把哲学家或伦理学家外在于技术的角色称作"海明威角色"（Hemingway role），因为这种角色与海明威第一次世界大战时在救护队的角色相同，而在他看来，哲学的任务，可以被确切地表示为"研究（R）和开发（D）角色"。这也符合杜威的观点，应用伦理学应该是在技术中担任中心角色的伦理学。

于是，科技伦理学开始踏上一条伦理设计之路。这是一条看上去既解决了

---

① Verbeek P.-P. Technology design as experimental ethics. 参见本书：技术设计作为伦理实验.
② Murata J. 2007. Perception, Technology, and Life-Worlds. Tokyo: Collection UTCP: 179-195.
③ Verbeek P.-P. Technology design as experimental ethics. 参见本书：技术设计作为伦理实验.
④ Murata J. 2007. Perception, Technology, and Life-Worlds. Tokyo: Collection UTCP: 179-195.

科学技术的伦理问题，又回应了人们的伦理焦虑，且容易被大多数科技企业接受的路。只是，如果将技术的问题还是交给技术来解决，认为设计可以改变技术的本质，那么无论是作为设计师的工程师、科学家还是作为协同设计师（co-designer）的伦理学家，都将背负其不可承受之重。更何况，"物律"会不会给人带来新的"物役"？

米切姆曾经对专注于"小问题"的技术哲学进行了犀利的批判。在他看来，"自由与知情同意、人权、风险-成本-收益分析、科研诚信、隐私以及利益冲突，涉及这些问题的技术伦理都是技术哲学在细微方面的一个分支……只是这种技术哲学进路试图将产生机器的自由主义意识形态设计进机器——甚至可以认为，它为工程与技术创造了框架，这些工程与技术已经改变并正继续改变自然和人类世界"①，但这并没有改变它的"亲技术"的意识形态本质，它与新教、资本主义和战争的各种联结仅仅是被"激进的个人主义和自由主义"覆盖了而已，只是以一种"更间接、更安静的接受"掩盖了自己"亲技术"的本质。

对西方自由主义的失望使米切姆转向东方寻求智慧。他认为，中国应该学习如何避免西方的错误，并为技术开辟一条替代之路。中国是否有可能走出一条新的道路？

近些年来，我国科技创新发展迅猛，在某些领域已经进入"无人区"。"无人区"不仅意味着技无可师，也意味着章无可法。这对于科技发展是挑战，对科技伦理也是挑战。我们面对的是巨大的不确定性。传统上，西方哲学以寻求确定性为目标，而中国哲学恰恰以"变"为"常"，认为"变"即是"常"，是创生、创造之源。对价值多元下的纷争，中国古代哲人选取的则是"道并行而不相悖""和而不同"的"天下之达道"。这样的以人与人、人与自然、人与社会的和谐为目标的明智伦理，是否有可能让我们走出"科技伦理学的困惑"？

2022年3月，中共中央办公厅、国务院办公厅印发《关于加强科技伦理治理的意见》（简称《意见》），就加强科技伦理治理提出了全面要求和规划，明确提出了科技伦理治理的概念。这是国际上第一个从国家层面发布的针对

---

① 卡尔·米切姆. 2021. 中国技术哲学研究应重视批判性. 王阊译. 哲学动态，(1)：25-29.

科技伦理治理的纲领性文件。《意见》突出强调了要"伦理先行"。那么何为伦理先行？伦理又如何先行呢？如何在确保科技持续创新的同时，守住伦理底线，守护人类的基本价值，确保人类社会的可持续发展？这是科技伦理研究必须直面的具有挑战性的问题。

正是在这样的背景下，我们推出了面向未来的《科技伦理研究》。

面向未来的科技伦理研究首先意味着面向人类未来的科技伦理探究（Technoethics Inqurity）——这一探究既是对科技活动中的伦理问题的探究，即 Ethics in Technology，也是对科技带来的伦理问题的探究，即 Ethics of Technology，还包括对科技伦理新形态 Technoethics 的探究。这也是本辑刊的宗旨和追求。在某种意义上，科技定义了人类的未来，科技伦理即是探索走向安全的人类未来的道路。当 CRISPR-Cas9 分子剪刀在实验室接替了大自然的剪刀时，我们关于生命、生长、繁殖的概念还有效吗？当人脑的发育基因进入猕猴大脑，或者反之，当猪的基因被植入人类身体的时候，我们还能理直气壮地回答我们的身份是什么吗？科技伦理学不能不直面这些关系到人类未来的问题。

科技伦理学的研究范式主要来自技术哲学和伦理学，这也与技术哲学的伦理转向和伦理学的技术转向密切相关。然而今天，科技伦理研究，无论是研究队伍还是研究路径都产生了较大变化。其最主要的特征是多元性和跨学科性：一方面，研究队伍汇聚了来自科学、工程技术以及社会学、心理学和政治学领域的专家学者，他们的加入，不仅充实了学科研究的队伍，而且丰富了研究视角和研究方法；另一方面，人们也不再满足于从"后视镜"向前看，或是扮演"海明威角色"，而是试图成为"伦理工程师"，在科学技术进步中发挥塑型作用。这样的学科范式该如何奠基？科技伦理研究不能不关注科技伦理学的学科未来。

科技伦理研究的主要力量应该是年轻的中国学者。青年是中国的未来，青年学者是中国学术的未来，他们最有创造力，也最敢于创造、创新。面向未来的《科技伦理研究》也将成为所有有志于科技伦理研究的青年学者思想碰撞、激扬文字的平台。

值此"百年未有之大变局"之时,《科技伦理研究》的登场可以说是生逢其时。变在中国哲学中就是易,易也是生,在变中生,从无到有,破土萌发,生生不息。面向未来,面对不确定性,《科技伦理研究》并不奢望对确定性的寻求,而是将整个世界看作一个动态开放的过程,将变动不测本身看作世界的真实,进而植根于人性、社会、文化和历史等更宽泛的实践语境中,极深研几,探究见机而作、巽以行权的实践智慧,探究科技进步与人类文明共进的生生之道。这也是编者对《科技伦理研究》和中国科技伦理建设的未来的祝愿和期待。

王国豫

于复旦大学

目 录

前言　面向未来的科技伦理研究 ………………………………………… i

技术伦理概论 ……………………………………………………………… 1

　　伦理与技术：过去与现在 ………………………………………… 3

生物医学伦理 ……………………………………………………………… 19

　　生命伦理学中的关系性自主 ……………………………………… 21

　　人性可以作为反对人类增强的理由吗？
　　——生物保守主义的反增强论证解析 …………………………… 38

　　重构安慰剂效应的伦理问题 ……………………………………… 52

　　"生物的风险"
　　——生命伦理学的挑战 …………………………………………… 66

　　后疫情时代关于食用野生动物问题的再思考 …………………… 74

数字技术伦理 ……………………………………………………………… 89

　　脸与面：数字面具的本质及其伦理意蕴 ………………………… 91

　　"欺骗"抑或虚构？
　　——对社交机器人的伦理审视 …………………………………… 103

虚拟现实与生活意义 ································· 120
　　叙事和深部脑刺激的哲学反思 ························ 135

智能技术的伦理与治理 ································· **147**
　　智能革命引发的伦理挑战与风险 ······················ 149
　　责任分配与责任分散：自动驾驶的道德哲学考察 ········ 162
　　谁应该承担自动驾驶汽车发生碰撞的风险？ ············ 176
　　智能治理的信任阈值 ································ 196

附录 ·· **207**
　　作者简介 ·· 209
　　征稿通知 ·· 214

Contents

Preface ·· i

General Theories of Technoethics ······································1

    Ethics and Technology: Past and Present ······································ 3

Biomedical Ethics ···19

    Relational Autonomy in Bioethics ·· 21

    Does the Preservation of Human Nature Serve as an Argument against
        Human Enhancement? —An Examination of Bioconservatism's
        Counter-Enhancement Claim ·· 38

    Reconstructing the Ethical Issues of the Placebo Effect ······················ 52

    Risks in Biology — Challenges in Bioethics ···································· 66

    Rethinking Eating Wildlife in the Post-Epidemic Era ························ 74

Digital Technology Ethics ···89

    The Nature and Ethical Implications of Digital Masks ······················ 91

    "Deception" or Fiction? —An Ethical Examination of Social Robots ···· 103

    Virtual Reality and the Meaning of Life ·· 120

Philosophical Reflections on Narrative and Deep Brain Stimulation ······· 135

Ethics and Governance of Intelligent Technology ····················· 147

Ethical Challenges and Risks Arising from Artificial Intelligent Revolution ··· 149

Distribution of Responsibility and Diffusion of Responsibility: A Moral Philosophy Inquiry on Self-Driving Vehicles ···················· 162

Who Should Bear the Risk When Self-Driving Vehicles Crash? ·········· 176

Trust Thresholds for Intelligent Governance ································ 196

Appendixes ·· 207

Notes on Contributors ··· 209

Call for Papers ·· 214

技术伦理概论
General Theories of Technoethics

伦理与技术：过去与现在[*]

卡尔·米切姆[1]　格伦·米勒[2]
（1. 科罗拉多矿业学院；2. 得克萨斯农工大学）
朱雯熙　译

摘　要：随着科学革命和工业革命的兴起，技术取得了长足发展并逐步成为人类行动的媒介。相应地，哲学研究也从仅关注技术本身转向对技术的反思和对伦理与技术关系的探讨。本文梳理了技术思想的形成轨迹，通过现代实例探讨了技术发展给人类行为、思考方式、价值观、社会和政治关系等带来的革命性影响，并借鉴哲学和实证研究的新方法对技术进行了批判性反思，从而阐释了技术伦理学与应用伦理学、科学技术研究间的相互关系。

关键词：技术影响，伦理分析，科学革命，哲学反思

一、引　言

自苏格拉底时代，西方哲学便开始关注技术。但随着目的论、功利主义和美德伦理学等传统伦理学理论的兴起和发展，哲学家们渐渐转而研究行为本身，忽视了技术。然而，科学革命和技术革命的发生使越来越多的人意识到，技术的发展对人类行为空间、思考方式、价值观形成，以及社会和政治关系等诸多方面都产生了变革性影响。人们开始反思：如何正确处理科学与技术间的矛盾，以实现二者的有机融合？20世纪50—60年代，愈发强大的技术（包括武器）逐步成为人类行动的媒介，它既作为人类延长自身生命的手段，又成为

---

[*] 本文摘要与关键词为编辑与译者共同添加。

人类改变自然世界的动力。2000年以来，信息与通讯技术进入人类生活的方方面面，它以广泛而强大的力量彻底改变了人类活动的物质、社会、环境和信息媒介，改变了人类的生活方式，引发了人们对技术的反思。

对技术的反思亦可见于文学作品中。阿道司·赫胥黎（Aldous Huxley）的《美丽新世界》（*Brave New World*）和斯坦利·库布里克（Stanley Kubrick）的《奇爱博士》（*Dr. Strangelove*）皆为我们描绘了被基因技术、核技术等高科技垄断的未来社会。上述作品的问世引起了哲学界乃至整个社会对"技术与伦理"关系的广泛讨论。在技术发展的过程中，人类不再仅仅去体验"正在发生"着的变化，而是开始觉醒、去梳理、去批判。这一过程充满挑战，且可能在经历诸多意外、后果，甚至灾难后，仍需不断调整目标。换言之，上述过程一方面影响着人类对技术的态度，另一方面又被人类的行为修正和改变。借用媒体理论家马歇尔·麦克卢汉（Marshall McLuhan）在格式塔心理学（Gestalt psychology）中提出的"图-地"关系来加以说明："图"的变化必然会改变"地"，反之亦然。也就是说，对技术的伦理反思必须考虑到技术及与之相关的环境，即经济、社会和政治现实。此外，汉娜·阿伦特（Hannah Arendt）[①]、唐娜·哈拉维（Donna Haraway）[②]、布鲁诺·拉图尔（Bruno Latour）[③]、彼得·斯洛特戴克（Peter Sloterdijk）[④]等将影响人类行为的空间也纳入了上述"环境"的范畴。

需要说明的是，下文的叙述更多的是一些片段式的、粗线条的思考，远非权威的、全面的论证。第二节梳理了现代技术思想的形成轨迹。第三节列举了一些实例与批判性回应（通常称为经典技术哲学）。第四节对现有的最新理论进行了分析，指出它对诸学科的继承性，并提出将技术的发展、使用和影响纳入伦理反思。第五节阐释了技术伦理学与应用伦理学、科学技术研究间的相互联系与相互作用。

---

① Arendt H. The Human Condition. Chicago：University of Chicago Press，1958.
② Haraway D. Simians，Cyborgs，and Women：The Reinvention of Nature. New York：Routledge，1991.
③ Latour B. Facing Gaia：Eight Lectures on the New Climatic Regime. Porter C（trans.）. Cambridge：Polity Press，2017.
④ Sloterdijk P. What Happened in the 20th Century？Turner C（trans.）. Cambridge：Polity Press，2018.

二、从苏格拉底到弗朗西斯·培根

根据《申辩篇》的记载，德尔斐神谕曾将苏格拉底描述为"世界上最聪明的人"，并认为"没有人比他更有智慧"。苏格拉底在质疑上述神谕时，揭露了他人对智慧的幻想。随即，反对声四起。在苏格拉底看来，政客们满腹经纶，却缺乏知识；诗人们看似思如泉涌，但只是被神附体。只有工匠才拥有真正的知识，即关于如何"制造"的知识。（回想一下，苏格拉底本身就是一名雕刻师。）尽管工匠们拥有技艺（techne），但更重要的是如何认识上述知识，是否能够认识到对知识的假定要求的局限性。"那么，就在这件小事上，我似乎比别人更有智慧，我不知道的事，我不认为我知道。"（21d）①在苏格拉底看来，最深刻的智慧是在人类事务中自我克制（《理想国》372e）。这与代达罗斯和伊卡洛斯的神话故事中所传达的观点相似。

在《尼各马可伦理学》（I, 5）②中，亚里士多德诠释了"什么是美好生活"。对于不同的人而言，美好生活或是身体上的愉悦，或是政治事务中的荣誉，或是理论或知识。美好生活并不是人类所特有的（尽管它可以通过"节制"的德性而具有人性化的特点），就这一层面而言，人就像动物一样。此外，政治生活取决于他人的认可（也可以通过勇气和正义的德性使其人性化）。只有智慧生活（实践的和理智的）才能因其"依附于超越人类的宇宙秩序"这一特殊性质，而在一定程度上摆脱日常的、人类的艰难困苦。如果持续提升智慧生活的水平，那么理论或沉思的生活最终将成为一种认识。当观察到世界的"所是"时，我们便很容易在感知中满足，并倾向于与经验休戚与共，进而从经验中获得认知上的愉悦。事实上，经验表现出美学特质，它既能自圆其说，又能使人

---

① 此处作者沿用了古典学界对柏拉图（和普鲁塔克）作品注释的时候通用的斯特方码（Stephanus pagination），即在古希腊原文旁边标注数字与字母的方式定位语句位置。通过这种方式，无论任何语言译本、任何版本，读者都可以准确通过这个标号找到对应的原文。本注释方法在牛津洛布（Loeb）丛书的帮助下传播至今。此处应为柏拉图全集《申辩篇》第 21d 行。下一行的《理想国》372e 意为《理想国》第 372e 行。

② 此处作者沿用了古典学界对亚里士多德作品注释的时候通用的贝克码（Bekker pagination），基于普鲁士科学院版《亚里士多德全集》文稿旁边标注数字与字母的方式定位语句位置。通过这种方式，无论任何语言译本、任何版本，读者都可以准确通过这个标号找到对应的原文。此处为《尼各马可伦理学》第一卷第 5 行的意思。

平静。正如孔子所说："学而时习之，不亦说乎？"（《论语》1.1①）由此，哲学在不断努力对人类善行（伦理学）进行体验、梳理和批判性反思，并使可能性和可行性的社会秩序（政治哲学）确定下来。亚里士多德将"技艺"列入"美好"所必需的理智德性之中，即理性地决定如何使某物存在（《论语》6.4）。不同于其他理智德性，"技艺"的运用会产生一种外在于行为者的产物，加之它与偶然存在物而非普遍真理有关，因此易被归入次级美德之列。文艺复兴前，西方政治哲学家对技术始终持批判态度。在他们看来，技术的扩张和随之而来的财富增长或致人堕落，而技术变革则会破坏社会稳定。因此，技术的开发和应用需谨慎节制。伴随技术进步的是"沉思的体验"，它时常以诗意化的方式被提及。至12世纪，神学家圣维克多的休（Hugh of St. Victor）将亚伯拉罕宗教信仰中的神谕与技术文化相融合，以实现为"机械艺术"进行辩护的目的。在他看来，技术可作为一种手段，用以减轻因堕落而带来的肉体痛苦（正如在神学中，美德旨在减轻道德方面的痛苦一样）。在此基础上，弗朗西斯·培根以更广泛的视角审视技术，并开启了对技术的"重新评估"。

15世纪末，培根创造性地提出了对技术的看法。他的观点与柏拉图、亚里士多德和经院哲学派对技术的固有态度大相径庭，主要体现在以下四个方面：第一，信仰让我们确信自己应该过什么样的生活，因此人类不必再对自身行为进行批判性反思。在他看来，《圣经》中描绘的最好的生活方式并非哲学或美学反思，而是慈善实践。若人类处于苦难之中，满足其物质需求即为人类的基本义务。第二，艺术和科学可以最大限度地满足人类的物质需求，增进福祉。但二者皆可"被用于邪恶、奢侈等诸多目的"。只有恢复"神赋"的自然权利，并将其赋予人类，才能保证艺术和科学受到理性与信仰的双重支配，才能使艺术与科学向着"善"的目的前行。第三，知识的确定性不再源于观察与思考基础上的理性阐释。知识的合理性基于科学实验，并以实践中的结果作为衡量标准。第四，知识的最终目的是人类的使用和利益。可见，培根重新定义了科学的内涵。在他看来，科学的目的与技术的目的是一致的。

科学被重新定位，其目的与技术目的相同。

---

① 此处为《论语》经典注释方法，意为第一卷第一行。后面的《论语》6.4意为第六卷第四行。《论语》这种标记方法受到古代竹简记录的影响。后来现代本《论语》和各个国家语言的译本均延续了这种标注方式。

三、现代计划：伦理与反伦理

在接下来的 4 个世纪里，培根所倡导的科学与技术思想被各国学者采纳。直至 20 世纪 50 年代，培根的观念才遇到了些许阻力，开始受到质疑。事实上，在对伦理与技术进行探讨时，这一观念时常基于培根对物质进步的持续要求。在培根之后，诸多新的技术活动形式相继出现，特别是资本主义工业化的出现，以及工程和技术科学、医学等领域的飞速发展，都进一步改变了对物质进步的要求。在能源技术和数字信息处理等技术手段的帮助下，技术的诸多领域（如材料设计、建造、制造、管理等）的力量大大增强。人类开始依靠科学技术来征服自然、控制自然。事实上，人类在物质生产、运输、通信和知识生产等方面仍存在种种局限性，技术将上述局限性限定在一定的范围之内。因此，从整体上看，技术为每个人带来了更多的力量，促进了人类的发展和社会的繁荣。从托马斯·霍布斯（Thomas Hobbes）到卡尔·马克思（Karl Marx）和约翰·杜威（John Dewey），现代哲学家们摆脱了宗教的束缚，将人类归化为"技术人"（*homo faber*），并强调所有的文化皆以技术发展为基础。伴随着上述变化，基督教特别是新教的人格有了"世俗化"的特征，并在"个人主义自治"的理想中展现出来：以"群体至上"为中心的社会本体论被逐步肢解和淘汰，取而代之的是将社会作为"自由副产品"的本体论思想，即在技术发展中，个体应不受传统或自然的限制，自由选择自己的生活方式，在心理和经济两个层面上进行自由规划、自主设计和自主创新。

在科技迅猛发展的今天，我们可以基于上述观点为人类行为找到两种伦理目标：第一，承认并接受人类生存条件的有限性，愿意在基于自然秩序的群体中共同承受苦难；第二，强调个体的自主和自由，即认为除人类自身创造的意义外，宇宙再无任何意义。在现代性崛起之前，前者与其说是一种理想，不如说是一种必然。人类仅能在文化与仪式的卑贱和高贵之间做出抉择。现代性催生了现代主义，即不断打破传统以追求新颖。但基于"人类被视为与生俱来的技术生命，而人工智能则是他们的理想命运"的立场，技术不仅具有了文化性，更凸显出伦理性特征。

至第二次世界大战之前，现代技术伦理的主流思想为功利主义（即为所有受影响者带来最佳结果）。人们常基于"使用和利益"（培根）或"使用和便利"〔大卫·休谟（David Hume）〕对技术行为进行反思。一方面，在节省劳动力、改善公共卫生、促进城市化和提高生活水平等方面，资本主义和技术皆提供了大量的商品，并通过民主选举等社会主义的方式对商品进行了合理分配。但另一方面，技术也使得"大屠杀"、生物医学实验、原子武器的制造和使用以及"相互保证毁灭"（Mutually Assured Destruction，MAD，即以核武器为基础的战略军事理论）成为可能。此外，人们开始关注工业发展对环境产生的影响，对环境污染、环境保护等方面的认识也越来越多。这使得我们对于技术有着两方面的矛盾心理：一方面对技术造成的可能性后果产生了担忧；但另一方面则是人类对技术的依赖不断增加。

在对古典时期的技术哲学研究的过程中，我们着重诠释古代与现代之间的差异性，其目的是将"现代技术"〔由尼可罗·马基雅维利（Niccolò Machiavelli）、弗朗西斯·培根和勒内·笛卡儿（René Descartes）发起〕置于历史-伦理的语境下，以揭示其内部矛盾，引导人们对技术进行批判性反思，从而在技术使用的过程中有所节制。何塞·奥尔特加·伊·加塞特（José Ortega y Gasset）对诸多的批判性反思进行了简要总结并指出，现代科学技术从根本上增添了人类"可以做"的事情，但却没有相应地增加"应该做什么"的道德准则。技术本质与技术使用的脱钩实则是与道德约束的脱钩。马丁·海德格尔（Martin Heidegger）明确拒绝将伦理学作为一门学科，但他将现代科学知识描述为一种真理或揭示真理的形式，它采用了一种"集置"（Gestell，一种试图挑战或支配的构架或立场），将世界还原为"储存"（Bestand，可供操纵的资源或常备储备），并将其与希腊意义上的"技艺"联系在一起。[1]雅克·埃吕尔（Jacques Ellul）认为，技术进步导致人类所有活动中的独特性、美感、技能和创造力被贬低，取而代之的是可预测的、理性的技术收益。[2]赫伯特·马尔库塞（Herbert Marcuse）认为，先进的工业主义依赖于"虚假需求"的产生，并

---

[1] Heidegger M. Die Frage nach der Technik. In Vorträge und Aufsätze（pp. 13-44）. Pfullingen：Günther Neske，1954. English trans. Lovitt W. The Question Concerning Technology. In The Question Concerning Philosophy and Other Essays（pp.3-35）. New York：Harper and Row，1977.
[2] Ellul J. La Technique ou l'Enjeu du siècle. Paris：Armand Colin，1954. John W（trans.）. The Technological Society. New York：Vintage Books，1964.

通过大众传媒和工业管理进行社会控制，从而限制了自主和自由。①

除上述批判性反思外，汉斯·约纳斯（Hans Jonas）将技术与伦理学有机融合，形成了独特的"技术时代伦理学"。

现代技术产生了具有如此新颖的规模、对象和后果的行为，以至于先前的伦理学体系再也容纳不下它们……过去伦理学不必考虑人类生活的全球条件、遥远的未来甚至人类的生存。现在，这些问题要求对责任和权利有一种新观念。对此，此前的伦理学和形而上学连原理都没有提供，更不用说现成的理论了。②

现代科技赋予人类的权力如此之大，它使得人类必须考虑到其行为在现在和将来对整个生物圈甚至其自身（身体、精神、社会和基因）造成的不可知的后果，"因此，我们可以有这样的律令，它对应于这种新的人类行为，并面对这种新的行为主体'如此行动，以便你的行为后果与人类持久的真正生活一致'"③。为了落实这一要求，约纳斯提出了略有争议的"恐惧启迪法"概念，以适应"一种新的谦逊——它不像以前的谦逊，不是因为我们力量的弱小，而是因为……我们的行动力量远远超过预见、估价和判断的能力"。④

如果人类从技术的视角看待自身，上述要求从本质上来说是存在问题的。约纳斯曾指出，在现代之前，"技术是对必然性的有限贡献，而不是通向人类所精选的目标的道路，[而]现代技术已成为……人类最重要的事业，在技术向越来越重大事物的持久迈进中，人类看出自己的天职，并且人的使命的实现体现在最大限度地控制事物和人自身的成果之中"。⑤只要智人（Homo sapiens）被技术人（homo faber）所取代，责任原理就要求我们采取与技术变革相适应的行动，并决心避免采取可能破坏创新的政策。对保护人类原则的任何诉求最

---

① Marcuse H. One-Dimensional Man: Studies in the Ideology of Advanced Industrial Society. Boston: Beacon Press, 1964.
② Jonas H. The Imperative of Responsibility: In Search of an Ethics for the Technological Age. Chicago: University of Chicago Press, 1984.
③ Jonas H. The Imperative of Responsibility: In Search of an Ethics for the Technological Age. Chicago: University of Chicago Press, 1984: 11.
④ Jonas H. The Imperative of Responsibility: In Search of an Ethics for the Technological Age. Chicago: University of Chicago Press, 1984: 22.
⑤ Jonas H. The Imperative of Responsibility: In Search of an Ethics for the Technological Age. Chicago: University of Chicago Press, 1984: 9.

终都将建立在"人类"的概念之上。

人性问题是一个充满争议的问题。对人性问题的探讨似乎必然涉及对人类历史的广泛审视。例如,哲学人类学家安德烈·罗伊-古尔汉(André Leroi-Gourhan)[1]认为,技术的发展表现出必然性和自主性,并因此蔑视和嘲弄了个人甚至社会的影响。在漫长的历史长河中,青铜时代和铁器时代慢慢取代了石器时代;农耕和工业化创造性地摧毁了采集和狩猎,采集和狩猎现在只作为富人的奢侈娱乐方式而存在。当上述过程时常被技术主义者鼓吹为"进步"时,约纳斯的哲学人类学予以反驳:生物进化赋予了人类真正的自由。但它过于脆弱,有招致自我毁灭的风险,因此我们必须对其加以保护。从另一层面上看,技术反生产力的危险[2]与政治理论中对技术决定论或"失控技术"的持续担忧[3]以及强调对人类自主、尊严和民主的普遍威胁的早期科学、技术和社会(STS)等研究如出一辙。

四、为了技术的伦理

约纳斯曾基于有机体本体论建立了反技术伦理学,以此应对培根的反生产力问题。上述尝试持续了数年之久。而在此过程中,伦理学研究出现了诸多转向。约纳斯的理论体系也因责任概念过于抽象(我们真的可以泛泛而谈技术吗?)、过于消极(没有认识到现代技术的明显益处,却夸大了其风险)、将伦理学建立在生物进化的形而上学之上(在科学上是站不住脚的),以及与民主不相容(约纳斯在某种程度上承认了这一点)等问题而受到批判。作为反对现代技术的替代方案,"技术"与"伦理"相互重叠的趋势在技术科学内部显现出来。二者的有机融合以"零敲碎打"的方式促进了伦理学的不断更新——技术伦理取代了技术时代的伦理,新兴技术的伦理应运而生。

作为伦理转向的先锋代表,马里奥·邦格(Mario Bunge)呼吁以实证主义的视角发展技术伦理学。邦格认为,"要纠正和避免技术的滥用,不应放慢

---

[1] Leroi-Gourhan A. Gesture and Speech. Berger A(trans.). Cambridge:MIT Press,1993.
[2] Illich I. Tools for Conviviality. New York:Harper and Row,1973.
[3] Winner L. Autonomous Technology:Technics-Out-of-Control as a Theme in Political Thought. Cambridge:MIT Press,1977.

所有的技术研究，而是推广技术，使其具有道德和社会敏感性"。这需要"各领域专家团队，包括社会科学家之间的合作"。"全球性技术统治或人类行动领域的专家统治的目的是对公众负责，它绝非一种威胁，而更多的是一种承诺。"为此，哲学家们应该用"作为正确和有效行为科学的技术伦理学"[1]来彻底改造伦理学。邦格的技术伦理学可归纳为对手段与目标之间关系的深入分析。他将道德概念化为"技术规则"，强调"道德规则与技术规则都建立在科学法则和明确的价值之上，具有同质性"[2]。

随后，哲学家们就"如何将技术与伦理相结合"做出诸多尝试，且在理论内容、分析框架（技术、实践和背景）、观点主张以及认识论、本体论等方面大相径庭。下面笔者将列举一些主流观点。

阿尔伯特·伯格曼（Albert Borgmann）[3]对海德格尔的观点进一步阐发，对技术装置进行了批判。他认为技术装置脱离了社会、时间和空间的连续性，是可以被替换的。就目的而言，技术装置的使用具有合理性，但人类不应一味地依赖技术装置，而应为自身技术实践留出空间，为人类在自然或原始环境的活动扩展可能性。伯格曼并不满足于泛泛而谈。他不厌其烦地列举自己在蒙大拿州农村的生活经历，形成了符合美国实际的技术伦理思想（在伯格曼2006年的著作中得到了最充分的阐释）。伯格曼在世纪之交实现了"技术"与"道德"的合作，加深了对技术和美好生活的哲学反思[4]。10年后，伯格曼以"存在、生活质量与幸福"扩张了"技术"与"伦理"融合的领域，即强调"技术伦理具有跨学科属性，需要心理学、哲学、经济学和社会学等领域之间的合作"[5]。

香农·瓦洛尔（Shannon Vallor）[6]以"美德"为出发点，形成了独具特色的"技术道德美德"视角。他的思想连接了西方（亚里士多德）和东方（孔子和佛陀），并在此基础上对传统伦理学进行了重新建构，以解决在媒体、监控

---

[1] Bunge M. Towards a technoethics. The Monist，1977，60（1）：96-107.
[2] Bunge M. Towards a technoethics. The Monist，1977，60（1）：96-107.
[3] Borgmann A. Technology and the Character of Contemporary Life：A Philosophical Inquiry. Chicago：University of Chicago Press，1984.
[4] Higgs E，Light A，Strong D. Technology and the Good Life? Chicago：University of Chicago Press，2000.
[5] Briggle A，Brey P，Spence E. Introduction//Brey P，Briggle A，Spence E. The Good Life in a Technological Age. New York：Routledge，2012：1-11.
[6] Vallor S. Technology and the Virtues：A Philosophical Guide to a Future Worth Wanting. New York：Oxford University Press，2016.

技术、战争机器人和人类增强等案例研究中出现的问题，从而实现"在新兴技术下好好生活"的目标。事实上，亚洲的中国哲学家已经开启了对儒家思想的探索，以期为新兴技术的伦理评估找到理论基础。[1]

在"经验转向"的旗帜下，哲学家们从对技术整体的经典批判转向以下方面的分析：①从使用者阶段转向设计、开发和生产阶段；②从全球分析转向本地/局部分析；③转向使用经验案例研究。彼得·克罗斯（Peter Kroes）和安东尼·梅耶斯（Anthonie Meijers）在其论文集的导言中强调，"经验转向"一词最早出现于1998年。在代尔夫特理工大学"技术哲学中的经验转向研讨会"的标题中，"经验转向"被看作是对早期技术哲学无效性的回应。代尔夫特理工大学的"经验转向"则具有分析哲学的方法特征。[2]

荷兰哲学家、特文特大学（University of Twente）的汉斯·阿赫特豪斯（Hans Achterhuis）为经验主义转向注入了新的动力。不同于克罗斯，阿赫特豪斯并未贬低古典技术哲学家们取得的成就。他指出，古典技术哲学家们"使现代技术成为可能的历史和超越性条件"，并认识到技术绝非中性的人工制品或应用科学，但他们忽略了"伴随技术发展而出现的本质变革"[3]。阿赫特豪斯提出对技术进行"重新定位"，并引起了伯格曼、休伯特·德雷福斯（Hubert Dreyfus）、安德鲁·芬伯格（Andrew Feenberg）、唐娜·哈拉维（Donna Haraway）、唐·伊德（Don Ihde）和兰登·温纳（Langdon Winner）等美国哲学家的关注。[4]此后，特文特大学的经验转向从现象学中汲取养分，特别是彼得-保罗·维贝克（Peter-Paul Verbeek）关于技术中介的研究[5]，以及菲利普·布瑞（Philip Brey）[6][7][8]将

---

[1] Wang X W. Confucian ritual technicity and philosophy of technology//Wong P-H, Wang T (ed.). Harmonious Technology: A Confucian Ethics of Technology. London: Routledge, 2021.

[2] Kroes P, Meijers A. The Empirical Turn in the Philosophy of Technology. Leeds: Emerald Group Publishing Limited, 2001.

[3] Achterhuis H. American Philosophy of Technology: The Empirical Turn. Bloomington: Indiana University Press, 2001.

[4] Winner L. Do artifacts have politics? Daedalus, 1980, 109: 121-136.

[5] Verbeek P-P. Moralizing Technology: Understanding and Designing the Morality of Things. Chicago: University of Chicago Press, 2011.

[6] Brey P. Values in technology and disclosive computer ethics//Floridi L. The Cambridge Handbook of Information and Computer Ethics. Cambridge: Cambridge University Press, 2010: 41-58.

[7] Brey P. Anticipatory ethics for emerging technologies. NanoEthics, 2012, 6（1）: 1-13.

[8] Brey P. Constructive philosophy of technology and responsible innovation//Franssen M, Vermaas P, Kroes P, et al. Philosophy of Technology after the Empirical Turn. Dordrecht: Springer, 2016: 127-143.

伦理学与技术话语扩展至公共政策等领域的工作。

安德鲁·芬伯格的技术伦理思想源于批判理论。他通过"次级工具化"概念，对人在技术行为中的参与进行了阐述。工程师在设计技术装置时，会将主要的因果关系预设其中，但"使用者、受害者和黑客"的参与使技术装置的再创造成为可能。技术因此"成为一种高阶实践的对象，这种实践本身并不是技术性的，［而是］属于次级工具化的创造性实践，因为它出现于日常生活世界中"①。上述概念的关键并非取决于技术的设计者（工程师）或参与者（利益相关者），而在于主体自身认识到利益所在，并进行行为实践。

五、跨学科和区域化

哲学研究中的"经验转向"在科学界引起了共鸣。科学家们将自己命名为科学技术的实践者。虽然对规范性的伦理原则持反对态度，但他们会从实际出发，对经济、政治、历史和文化因素进行分析，并以此诠释现代科技发展的原因。他们同样认同"经验转向"而摒弃了传统技术哲学所关注的问题。他们试图阐述"技术是如何被社会建构起来，又是如何反作用于其制造者和使用者的"。他们认为，技术发展是由社会决定的②。这与现有的技术决定论形成了鲜明对比。此后，技术评估者从 STS 和科学研究中汲取了灵感，并将自身视为对"科林格里奇困境"（Collingridge's Dilemma）的有效回应③：当我们设计一项技术时，设计方式和手段的不同会使我们"无法预见其需求；当需求［变得］明显时，改变就变得昂贵、困难和耗时"④。解决上述问题的最好办法是"中游调节"，即将技术的社会因素作为研发过程的一部分加以考量⑤。

随着技术伦理学成为"技术的伦理学"（ethics for technologies），其与应用

---

① Beira E, Feenberg A. Technology, Modernity, and Democracy. London: Rowman and Littlefield International, 2018.
② Bijker W E, Hughes T P, Pinch T. The Social Construction of Technological Systems. Cambridge: MIT Press, 1987.
③ Grunwald A. Technology Assessment in Practice and Theory. London: Routledge, 2019.
④ Collingridge D. The Social Control of Technology. New York: St. Martin's Press, 1980.
⑤ Fisher E, Mahajan R L, Mitcham C. Midstream modulation of technology: governance from within. Bulletin of Science, Technology, and Society, 2006, 26: 485-496.

伦理学中特定词汇和话语的相关性、重叠性也逐步显现出来。新兴技术的出现带来了诸多伦理问题，其内容涵盖医学伦理学、环境伦理学、生物伦理学、计算机伦理学、工程伦理学、研究伦理学和媒体伦理学等多个领域。新兴技术增添了技术决策的复杂性，无论是技术人员还是管理者，做出适当的技术决策都变得异常艰难。与此同时，新兴技术涉及生物工程、机器人、无人机、自动驾驶汽车、大数据、人工智能、纳米技术等多个领域，其研究逐步趋于专业化。在这些研究中，一些仅简单地采用了功利主义、义务论或美德伦理学的视角，另一些则注重案例分析方法。此外，研究者还提出了"中间原则"（如非恶意、自由和知情同意、可持续性、自主性），它与其他任何的伦理学理论皆无紧密联系。在针对新兴技术的伦理分析中，传统的认识论、本体论以及社会因素都被置于次要地位，技术工具也被赋予"中性"的特点。

令人略感意外的是，在对技术与伦理的探讨中，人们往往忽视了工程师的作用。事实上，工程师是技术设计和技术发展中的关键人物。技术伦理向来强调工程师的"非恶意义务"，即一方面保护技术使用者，免受健康、安全和福利方向的影响；另一方面维护自身与客户、雇主以及其他工程师的关系（如避免利益冲突和贿赂，尊重知识产权）。可见，工程师的责任范围是有限的。这种有限性的伦理责任被约瑟夫·赫克特（Joseph Herkert）称为"微观伦理学"[1]。但20世纪90年代以来，所谓的"有限性"被不断突破，伦理学的应用范围在不断扩大。目前，《科学与工程伦理》期刊（1994年至今）已成为工程师、哲学家和决策者相互交流的平台。大家会就技术实践中的伦理问题，以及加强技术伦理教育的有效性等问题交换意见。2000年以来，针对赫克特理论中的"宏观伦理学"，即技术对社会与环境的影响的讨论明显增加。在技术哲学[2]的视域下，相关讨论早已超越了学科与区域的限制。例如，对于技术机构而言，价值敏感设计[3]已成为技术实践中备受推崇的干预手段，即设计者在决定嵌入价值的过程中要充分考虑未来语境和社会语境，旨在尽可能满足使用

---

[1] Herkert J. Ways of thinking about and teaching ethical problem solving: microethics and macroethics in engineering. Science and Engineering Ethics，2005，11（3）：373-385.
[2] van de Poel I，Goldberg D E. Philosophy of Engineering: An Emerging Agenda. Dordrecht: Springer，2010.
[3] Friedman B，Hendry D G. Value Sensitive Design: Shaping Technology with Moral Imagination. Cambridge: MIT Press，2019.

者和用户的需求。此外，希拉·贾萨诺夫（Sheila Jasanoff）[①]对技术代理的有效性提出了批判，并提出技术代理在很大程度上从属于知识产权和专利权制度。

负责任研究与创新（RRI）的目标是使科学技术的创新符合人权和基本的社会目标。特别是在欧洲，其倡导者认为，对技术创新进行评估时，不应只考虑风险和市场短期盈利能力，而应确保技术创新基于前瞻性与公共性两个层面，即与公众的价值观和期望相一致。公众的期望可在一定程度上激发技术创新的潜力，而开放式的学术研究则可为技术创新提供源源不断的知识与力量。[②]

目前，适用于不同领域的"中间原则"是技术伦理学争论的焦点。例如，在核伦理学、医学伦理学和工程伦理学等多个领域都涉及"风险"和"安全"两个概念。克里斯汀·施雷德-弗雷谢特（Kristin Shrader-Frechette）和斯文·奥维·汉森（Sven Ove Hansson）将其作为各自技术伦理学的核心概念。施雷德-弗雷谢特以定量风险评估为出发点，强调技术进步的副作用，即技术的辐射问题、生态问题等。她的研究涉及如何界定技术风险、如何在不确定的情况下评估技术、如何确定风险的可接受性，还对技术对程序的正当性、风险的确定造成的威胁加以探讨。[③][④]她进一步认为，尊重人的自主权即是对人类提出了要求，即人类在未承受经济或其他外部压力的情况下，应该对风险有清晰的了解。但在表示"同意"前，无须承受风险带来的可能后果。在此基础上，汉森又进行了补充。他认为科学实验和技术干预所形成的风险往往不同于"自然"风险，并指出风险研究中的诸多常用模型和假设都存在严重问题。[⑤]

除单独运用"中间原则"外，更多学者还将上述原则与传统伦理观相结合，从而为技术制定了一般伦理规范。汉森在编辑图书的过程中，对常用方法进行了收集与整理，其中涉及可持续性、正义、职业责任、隐私、风险、价值

---

① Jasanoff S. The Ethics of Invention: Technology and the Human Future. New York: W. W. Norton & Company, 2016.

② von Schomberg R, Hankins J. International Handbook on Responsible Innovation: A Global Resource. Cheltenham: Edward Elgar, 2019.

③ Shrader-Frechette K. Risk and Rationality: Philosophical Foundations for Populist Reforms. Berkeley: University of California Press, 1991.

④ Shrader-Frechette K. Technology//Becker L C, Becker C B. Encyclopedia of Ethics. vol.2. New York: Garland, 1992: 1231-1234.

⑤ Hansson S O. The Ethics of Risk: Ethical Analysis in an Uncertain World. New York: Palgrave Macmillan, 2013.

敏感设计以及"技术伦理的行为伦理"等。①马丁·彼得森（Martin Peterson）提出了"几何分析"理论，即技术伦理应以实现成本效益、预防、可持续性、自主性和公正性五项基本原则的合理互动为目标。②

由于强调伦理与技术共存，研究者试图将其与技术活动、教学研究相结合，从而形成了一种独特的伦理学理论，即由实用主义者保罗·杜宾（Paul Durbin）提出的"社会工作者理论"③。在杜宾看来，技术哲学家与社会工作者一样，有义务对研究中发现的风险加以补救。施雷德-弗雷谢特则将风险伦理转化为对不公正的抗议。④在芬伯格的技术批判理论中，利益相关者的作用是可变的。如20世纪90年代，在艾滋病患者强烈的批判声中，原本的研究和治疗方案被彻底改变。对于艾滋病患者而言，研究和治疗方案应服务于患者的利益而非医疗系统的利益。因此，芬伯格强调，技术伦理应揭示特定群体的价值观，并努力将其嵌入技术社会系统。因为，独立于文化之外的理性是不存在的。⑤

六、小画面/大画面辩证法

除学术研究外，科学新闻（更确切地说，技术科学新闻）是技术与伦理得以交锋的又一阵地。查尔斯·曼（Charles Mann）的《巫师与先知》（*The Wizard and the Prophet*，2018年）探讨了两位环保主义者——威廉·沃格特（William Vogt，1902—1968）和诺曼·博洛格（Norman Borlaug，1914—2009）——截然不同的人生轨迹。两人皆意识到世界人口的增长、技术消费的增加将带来前所未有的灾难，但两人的应对方式却天差地别。作为世界末日论的先驱，沃格特认为应"减少消费"，否则所有人都会遭殃。将工程和技术视为黄金时代的

---

① Hansson S O. The Ethics of Technology: Methods and Approaches. London: Rowman and Littlefield International, 2017.
② Peterson M. The Ethics of Technology: A Geometric Analysis of Five Moral Principles. New York: Oxford University Press, 2017.
③ Durbin P. Social Responsibility in Science, Technology and Medicine. Bethlehem: Lehigh University Press, 1992.
④ Shrader-Frechette K. Taking Action, Saving Lives: Our Duties to Protect Environmental and Public Health. New York: Oxford University Press, 2007.
⑤ Feenberg A. Technosystem: The Social Life of Reason. Cambridge: Harvard University Press, 2017.

奇才的博洛格则强调"创新",因为这样每个人都能获胜。[1]查尔斯·曼并没有让问题止步于此,而是试图通过以下方式来对上述截然不同的主张加以反思:首先,我们从种群生物学中了解到物种是如何趋于扩张并崩溃的;其次,技术与科学可以告诉我们,如何为未来全球100亿人口提供食物、淡水、能源和稳定的环境。他虽承认上述挑战令人生畏,但他试图寻找将道德上的需求与技术发展相结合的道路,以使人类登上可持续发展的高地。

在当代政治话语中,这场辩论的流行性掩盖了其问题的深刻性。亚里士多德在分析了美好生活的抉择中,确定了美德的内涵,并强调了"审慎思考"的局限性。我们不讨论永恒的事物,不讨论现在正以某一种方式发生,又将以另一种方式发生的事物,甚至不讨论所有的人类事务,正如"斯巴达人不会讨论斯基泰人的最佳宪法"。总之,理性的思考只能关涉通过努力而实现的事情。虽然我们有充分的理由对粮食、淡水和能源生产的可持续性持怀疑态度,但从历史上看,斯巴达人(无论是在一个大陆还是另一个大陆)为斯基泰人(在另一个大陆)立法的可能性同样很小,甚至更小。理解、梳理和批判性反思不应仅停留在技术伦理的层面,还应扩展至公共和专业哲学领域,即在其中建立技术与伦理的有效对话,但这仍是一个充满挑战的过程。

Ethics and Technology: Past and Present

Carl Mitcham[1]　Glen Miller[2]
(1. Colorado School of Mines; 2. Texas A&M University)

Abstract: With the rise of the scientific and industrial revolutions, technology has made great strides and has gradually become the medium of human action. Accordingly, philosophical studies have shifted from focusing only on technology itself to reflecting on technology and exploring the relationship between ethics and technology. This article traces the formation of technological thought, explores the revolutionary

---

[1] Mann C C. The Wizard and the Prophet: Two Remarkable Scientists and Their Dueling Visions to Shape Tomorrow's World. New York: Knopf, 2018.

impact of technological development on human behaviour, ways of thinking, values, and social and political relations through modern examples, and draws on new methods of philosophical and empirical research to critically reflect on technology, thereby explaining the interrelationship between technological ethics, applied ethics, and science and technology studies.

Keywords: technology impact, ethics analysis, scientific revolution, philoso-phical reflection

生物医学伦理
Biomedical Ethics

生命伦理学中的关系性自主

刘 瑶

(复旦大学)

摘　要：关系性自主主要包括三个核心论点：一是自主的行动主体是由社会关系构成的；二是自主能力的发展和运用既需要广泛并持续的主体间的、社会的和制度的支持，也可能受到这些社会性因素的阻碍；三是社会公正对于自主性的实现至关重要。通过将自主性的基本条件即独立性条件、真实性条件和能力条件作为分析框架，能够发现关系性自主呈现出一种辩证发展的逻辑进程，即在对传统的程序性自主的批判性发展的基础上，依次出现关系性的强实质性自主、关系性的程序性自主、关系性的弱实质性自主。

关键词：关系性自主，程序性，实质性

我们建议提出并进一步发展的另一个更广博的社会正义应符合这样一种自主性概念，它有着不同的叫法——关系性的、社会的、主体间性的、情境的或承认的——但都可以概括为自主是一种能力，它只存在于支持它的社会关系中，并且只与内在的自主感相结合。[1]

——乔尔·安德森（Joel Anderson）和阿克塞尔·霍耐特（Axel Honneth）

自主性是政治哲学与伦理学中的核心概念。在生命伦理学中则体现为尊重自主原则。如何理解自主性直接关系到在医疗实践中尊重自主性原则的应用，即如何理解医患关系的性质以及采取何种知情同意模式。在自主性的研究领域中，存在程序性自主与实质性自主的争论，二者的根本区别在于是否要求

---

[1] Anderson J, Honneth A. Autonomy, vulnerability, recognition and justice//Christman J, Anderson J. Autonomy and the Challenges to Liberalism: New Essays. Cambridge: Cambridge University Press, 2005: 127-149.

行动主体的欲望内容是价值中立或内容中立的。本文将在批判性分析传统程序性自主的基础上，以自主性的基本条件为分析框架，阐述程序性自主与实质性自主在论战中的辩证发展过程。

一、传统的程序性自主及其困境

20 世纪 70 年代，由哈里·法兰克福（Harry Frankfurt）和杰拉德·德沃金（Gerald Dworkin）提出了一种欲望层级理论（the hierarchical theories of desires）。[1]这种层级理论认为：当一个行动者行动时，如果他的一阶欲望（first-order desires）被他的二阶欲望（second-order desires）反思性认同，他就是自主的。[2]德沃金认为，自主性是一种人们批判性地反思他们的一阶偏好、欲望、意愿等的二阶能力，是根据高阶的偏好和价值观接受或改变这些低阶的偏好和意愿的能力。通过行使这种能力，人们得以确定自己的真实本性，赋予自己的生活以意义和连续性，并对自己是什么样的人负责。[3]在德沃金看来，自主性应当至少包括三个条件：独立性（independence）、真实性（authenticity）和能力（capacity）。[4]首先，不论是何种自主性概念，都要求自主的行动是出自行动者的自我选择。因此，德沃金认为二阶欲望对一阶欲望的反思性认同过程必须是过程上独立的，而没有受到诸如"催眠暗示""强迫""操纵""欺骗"

---

[1] Frankfurt H. Freedom of the will and the concept of a person. The Journal of Philosophy，1971，68（1）：5-20；Dworkin G. Autonomy and behavior control. The Hastings Center Report，1976，6（1）：23-28.
[2] Frankfurt H. The Importance of What We Care About. Cambridge：Cambridge University Press，1988：11-25.
[3] Dworkin G. The Theory and Practice of Autonomy. Cambridge：Cambridge University Press，1988：20.
[4] 德沃金认为自主性需要三个条件，即独立性、真实性和能力，但在德沃金那里，这三个条件是纯粹内在主义的，不考虑社会关系对于行动主体的影响，其中德沃金所说的独立性指的是一种程序性的独立，真实性和能力条件也完全独立于外部因素，只要求行动主体内在的心理状态和反思能力。后来关系理论家约翰·克里斯特曼（John Christman）和梅耶斯（Diana Meyers）对这些条件进行了关系性改造，强调自我的社会构成性和历史叙事性，以及社会关系、社会环境对于行动主体的自主能力的影响，重新解释了真实性条件和能力条件（competence conditions），其中能力条件从原来的 capacity 发展为 competence，competence 是指胜任能力、资格，这就意味着自主性不仅要求行动主体具有各项基本的能力，同时还要在社会关系的影响中，有能力将其反思性认同的欲望实现出来，才能表现为一种"胜任"，从 capacity 到 competence 的转变，意味着自主性概念从纯粹内在主义向着关系自主发展的内在转变。对两个条件的解释可参见：Christman J. Liberalism，autonomy and self-transformation. Social Theory and Practice，2001，27（2）：185-206；Christman J. Autonomy，self-knowledge and liberal legitimacy//Christman J，Anderson J（eds）. Autonomy and the Challenges to Liberalism：New Essays. Cambridge：Cambridge University Press，2005：330-357.

"潜意识影响"等非偶然的外在因素的影响和干预，而受到这些因素影响的自主选择则被他称为程序性独立的失败。①其次，一个人的二阶欲望对一阶欲望的反思性认同被看作是自主性的必要条件，这个条件也被德沃金称为"真实性"条件，即一个自主的行动要求行动者对自我持有真诚的态度，从而与自欺欺人或者无意识的行动相区别。最后，自主的选择要求二阶欲望具备对一阶欲望进行反思和采取何种态度的能力，这种能力在德沃金看来是人所特有的。②由此可见，程序性自主是一种价值中立或者内容中立的自主性观点，即强调一个人自主选择的规范性权威完全来自其自身内部的反思性认同而非受外界影响，属于一种内在主义，并且这种观点强调人与人之间的差异性，致力于对价值多样性的保护，拒绝同质化。德沃金这样说道："作为一种政治理想，自主性被用作反对那些企图将一系列目的、价值观以及态度强加给社会公民的政治制度的设计和运行的基础。这种强加可能是基于神学观点，可能是对一个良好社会的世俗看法，也可能是基于人类对于追求卓越的看重。"③

程序性自主观主要遭到两个方面的质疑：一是无穷倒退问题。程序性自主要求自主的行动是行动主体二阶欲望对一阶欲望的反思性认同，但是二阶欲望可能又来自某个三阶欲望的反思性认同，以此类推，还可能存在四阶欲望、五阶欲望等等，从而陷入无穷倒退。④要解决这一困境，则要求自主性建立在某些确定无疑的价值信念或价值承诺之上，也就是需要一个理性反思的起点，这个起点也被称为"决定性承诺"（decisive commitment），但是这种承诺的合法性权威依然成谜，要么假设存在一个作为本体的"真实自我"来回避这个问题，要么需要承认决定性承诺的合法性来源超出了程序性自主的范围，那就是自主性不可避免地受到外界因素的影响，否则自主性与行动主体的主观任性将成为同义词，因此自主性也就不可能是纯粹内在程序的。

---

① 需要注意的是，以德沃金等人为代表的程序性自主观主张的是程序性独立而非实质性独立（substantive independence），德沃金明确反对彻底的实质性独立，认为这不仅会破坏人与人之间的珍贵情感和价值，并且人从出生时起就在接受社会化，实质性的独立也不可能存在，因此，我们只能做到内在的程序上的独立。
② Dworkin G. The Theory and Practice of Autonomy. Cambridge：Cambridge University Press，1988：15-17.
③ Dworkin G. The Theory and Practice of Autonomy. Cambridge：Cambridge University Press，1988：10.
④ Taylor J S. Personal Autonomy. Cambridge：Cambridge University Press，2005：11-12.

二是规范能力（normative competence）问题。为什么高阶欲望对于低阶欲望具有规范性权威或者更值得人欲求？存在这样的可能即二阶欲望与一阶欲望一样都是简单的欲望，因此引入二阶欲望只是增加了竞争者的数量，而对于自主选择毫无实质性的规范意义。[1]同样也存在这样的可能，即行动主体的二阶欲望是被人操纵或催眠所产生的，如果行动主体意识不到这点，那么很难说他所做的决定是自主的。二阶欲望若想对一阶欲望起到规范性的决定作用，那么就需要对其如何产生以及规范性来源进行说明。要解决这一问题，就需要对行动主体本身的规范能力提出要求或限制，即行动主体需要有能力意识到某些价值或理由是如何影响其决策的，并对影响其决定的价值信念进行批判性反思，即需要对导致自己反思性认同的理由再进行反思从而判断出各种理由如何影响自己的价值秩序，而这种能力是受到外在的社会文化环境的影响的，可以是被塑造的，也可以是被压抑的，这就要求自主性的概念需要具备一个社会历史维度，而这也同样超出了程序性自主的范围。最常被用来反驳程序性自主的例子便是"自愿为奴"的情况，即一个人完全可以因为外在社会观念的灌输和规训形成反思性认同的"真实欲望"——成为奴隶，而这种看似自主的选择反而极大程度上损害了其自主选择的能力，从而陷入一种"自主选择放弃自主选择"的自主性悖论之中，与此相类似的情境还有自杀、买卖人体器官等。对于这些显然与我们道德直觉相悖的情境，并不在程序性自主的回答范围之内，因为这些情境都需要以现实的某些价值或目的为依托，从而破坏程序性自主观的纯粹内在性。这两个困境可以看作是对于德沃金所说的三个条件中的真实性条件和能力条件的质疑——究竟什么才是自我意愿的真实表达？以及如何将自我的真实意愿化为有效的行动？对这两个问题的回答同时又涉及了如何理解作为自主的行动主体——自我的问题。为了回应传统程序性自主所面临的这些挑战，关系性自主（relational autonomy）应运而生。

二、何谓关系性自主？

关系性自主最初是在 20 世纪 80 年代末由女性主义者珍妮弗·尼德尔斯

---

[1] Watson G. Free agency. The Journal of Philosophy，1975，72（8）：218.

基（Jennifer Nedelsky）提出[1]，其后经由一大批女性主义者不断发展的一种自主性观点。针对传统的从男性视角出发的抽象个体性的自主性概念所带来的诸多困境，关系性自主立足于关系视角，强调人是根植于社会的，主体的身份是在社会关系中产生的，人的自我同一性是在一系列交叉的社会决定性因素如种族、阶层、性别和民族等的影响下形成的。尼德尔斯基等将个人自主性重新概念化为关系性自主，认为自主性会受到压抑性的社会关系的损害或削弱。[2]近三十年来，关系性自主这一概念越来越受到学界重视，大量有影响力的学术著作和论文讨论这一主题。然而，从关系性进路（relational approach）研究自主性概念并不只是女性主义的专利。在女性主义之前，对于基于个体权利的自主性概念的批评就早已存在，如社群主义者、情感主义者、后现代主义哲学家、人类学家以及法兰克福学派的批判理论家们都是立足于关系或主体间性来理解人类主体或自我概念的，他们的思想和观点对自主性的关系性诠释都做出了不同程度的贡献，并提供了大量的理论资源，女性主义者们本身也是汲取了多方各种理论资源才提出的这一概念，因此，学界一般将那些支持关系性自主的哲学家统称为关系理论家。

然而，关系性自主并不是一个内涵清晰的概念，而更多的是一个总括性的术语和观点的集合。这些观点虽然存在差异，但都具备两个共同点：一方面，它们都是以过于抽象的且过度强调主体性的个人自主为批判对象，认为基于个体权利的个人自主对于实质性独立的过度强调，牺牲了人与人之间的其他重要情感和价值，如关怀、友谊、信任、忠诚和责任等等；另一方面，它们都强调自我的社会嵌入性，以及那些使自主性得以实现的社会结构和社会关系，同时认为压迫性的社会关系可能会限制或损害自主性。[3]对于关系理论家而言，从来不存在先于社会（pre-social）而存在的个体，个体在一开始就应该是通过具体的社会关系而被构成的存在。因此，我们不应当将自主性仅

---

[1] Nedelsky J. Reconceiving autonomy: sources, thoughts and possibilities. Yale Journal of Law and Feminism, 1989, 1: 7-36.
[2] Mackenzie C, Stoljar N. Introduction: autonomy refigured//Mackenzie C, Stoljar N (eds). Relational Autonomy: Feminist Perspectives on Autonomy, Agency, and the Social Self. New York, Oxford: Oxford University Press, 2000: 3-31.
[3] Mackenzie C, Stoljar N. Introduction: autonomy refigured//Mackenzie C, Stoljar N (eds). Relational Autonomy: Feminist Perspectives on Autonomy, Agency, and the Social Self. New York, Oxford: Oxford University Press, 2000: 4.

仅关联于自我的理性,而应当在与他人所建立的具体的、动态的关系中去理解自主性。①

关系理论家们对于自主性的关系性诠释可以概括为三个核心论点,即自主的行动者、自主能力,以及自主行动的有效条件。首先,关系性自主强调自主的行动者是社会嵌入的,是由社会关系构成的。与个人自主追求自给自足的自主理想不同,关系性自主认为易受伤害性是人类的本体论条件。其次,关系性自主强调自主能力会受到社会化和社会关系的阻碍或增强影响,而这种影响直接决定着行动主体在道德实践中与自我的实践关系——自尊(self-respect)、自信(self-trust)和自重(self-esteem)。最后,自主的行动既需要表达行动主体意愿的真实性,又需要外部社会环境提供使自主行动能够被有效实践的诸种机会选项,这就需要公正的社会、政治和法律制度来保障并促进公民的自主性。②

三、关系性自主的种类

当代关系理论家对于程序性自主与实质性自主之间的论战实际上是围绕着德沃金所提出的自主性的三个基本条件所展开的一个相互批判、相互促进的辩证发展过程,由于关系理论家都是从关系视角对自主性的概念及其基本条件进行论证与发展,这一过程也被关系理论家称为自主性的概念重构或重新概念化(reconceptualization)。其批判性发展的脉络大致可以看作是从以玛丽娜·奥莎娜(Marina Oshana)和娜塔莉·斯多加尔(Natalie Stoljar)为代表的关系性的强实质性自主(strong substantive autonomy)对传统的程序性自主的批判,到以克里斯特曼为代表的关系性的程序性自主对关系性的强实质性自主的批判,再到以卡特里奥娜·麦肯锡(Catriona Mackenzie)为代表的关系性的弱实质性自主(weak substantive autonomy)对关系性的程序性自主的批判。

---

① Sherwin S. The importance of ontology for feminist policy-making in the realm of reproductive technology. Canadian Journal of Philosophy,2002,28:273-295.
② Mackenzie C. The importance of relational autonomy and capabilities for an ethics of vulnerability//Mackenzie C,Rogers W,Dodds S(eds). Vulnerability:New Essays in Ethics and Feminist Philosophy. Oxford:Oxford University Press,2014:33-59.

（一）关系性的强实质性自主

提倡实质性自主观的女性主义者并非完全否定程序性自主。他们认可程序性自主对于实质性独立的自主观（即古典自由主义的个体观念）的反对立场，且由于程序性自主的内容中立性，认为它能够与人们对于关怀关系和依赖关系的偏好相容。斯多加尔认为，程序性自主至少在三个方面与女性主义者对于关系的强调是一致的：首先，它符合行动者建立和维持有价值的关怀和依赖关系的愿望；其次，它让人们意识到自主性和批判性思维能力是家庭影响、社会化等因素的产物；最后，它尊重人与人之间的差异，特别是在生活计划和善的观念等方面，这些都是由行动者所嵌入的不同社会环境所产生的。[1]尽管程序性自主有如此多的优点，但其在具体情境中的运用仍然引起了一些女性主义者的警觉，因为很多符合程序性自主的标准的行动，在女性主义者看来仍然不是行动者自主的行动，例如压抑性的社会环境对于女性一些偏好的形成会产生规范性的但却具有破坏性的影响，而这与女性主义的直觉相违背。因此，与程序性自主不同，实质性自主认为批判性的反思能力和程序性独立对自主性是必要的但却是不充分的，若要解释压抑的社会环境对自主性的破坏性影响，必须对自主性进行更多实质性的约束和限制，这种限制可以通过两种途径实现，要么是对行动主体的偏好、价值观等自主选择的内容进行规范性限制，要么是对行动主体在自主选择之后的结果所引起的自我评价的态度如自信、自我价值感等有所要求。前者被称为强实质性自主，后者则被称为弱实质性自主。强实质性自主的主要代表有奥莎娜和斯多加尔。

奥莎娜认为，一个人的社会关系地位是自主性的决定性因素。在她看来，处于从属关系、服从关系或经济上、心理上依赖关系中的行动者，即使符合程序性自主观所提出的自主条件，也不可能是自主的。这是因为这些行动者由于其从属地位，缺乏对其生活的重要方面进行有效实际控制的权威和权力，而这些方面是自主行动的标志。[2]奥莎娜列举了一系列例子，包括自愿为奴的人、

---

[1] Stoljar N. Autonomy and the feminist intuition//Mackenzie C, Stoljar N (eds). Relational Autonomy: Feminist Perspectives on Autonomy, Agency, and the Social Self. New York, Oxford: Oxford University Press, 2000: 94-111.

[2] Oshana M. Autonomy and self-identity//Christman J, Anderson J (eds.) Autonomy and the Challenges to Liberalism: New Essays. Cambridge: Cambridge University Press, 2005: 77-98.

顺从的家庭主妇、宗教信徒、良心的拒服兵役者等，这些所谓的"快乐的奴隶"在结构上类似，都满足程序性自主的条件，也都能从中获得自我价值感，却都与我们的直觉相违背，因为他们自主选择进入一种被剥夺他们自我决定机会的状态当中。这在德沃金的观点中属于自主的选择，但在奥莎娜看来则不然。她认为一个人一旦成为奴隶，就会对社会情境中影响他的意志、喜怒的表达和生活方向等方面的因素失去抵抗能力；成为奴隶便意味着他被剥夺了将自己视为其意愿、计划和控制方面中的一个独立参与者的可能性，同时他可能会遭到虐待或杀害。选择成为奴隶的人当然要为他因此而缺乏自主性至少部分负责。但是只要他还是奴隶，他就没有自主性，因为他受制于强迫，他的地位仍然是顺从、服从和依赖的。因此，无论一个奴隶的选择看似多么自主，都与他的整体自主（global autonomy）不相容。[1]奥莎娜认为，传统的程序性自主是一种纯粹的内在主义，它将对人的自主性的维护比喻为"内在城堡"（inner citadel），要求我们假设人的某些基本的心理因素独立于世界之外，不可侵犯，只凭借这些所谓的真实自我（true self 或 real self）因素便可以使自主性得以保障。对于真实自我，奥莎娜提出了三点质疑：首先，真实自我是否存在是可疑的，如果存在则需要进行充分的论证；其次，我们的直觉不太可能像这个比喻所暗示的那样，把人当作脱离世界的实体来依附；最后，如果自主性是由一个人与他人的互动方式决定的，那么"内在城堡"的比喻将不能准确地捕捉到自我决定的行动主体的条件。一方面，程序性自主将尊重人的偏好和价值观等同于尊重人的自主性，而这无法体现自主性所要求的自治（self-government）的一面；另一方面，根据这种内在主义，具有同样心理状态的行动主体就会具有同等程度的自主性，然而可能存在以下可能性：由社会环境等因素所导致的符合程序性自主的两个人，虽然同样被看作是自主存在者，却因为地位不同而受到不同程度的尊重。因此自主性除了所需要的主观心理特征之外，还应当满足一些客观的社会标准，而这些外部标准是独立于个人的内在心理状态的。[2]在奥莎娜看来，自主不是简单地拥有真实的价值观，而是根据这些价值观来指导自己的生活，这就需要对其所处的外部环境的控制。奥莎娜在总结自己的观点时指出，自主的个人是可以自由选择处于何种社会关系中

---

[1] Oshana M. Personal Autonomy in Society. Hampshire：Ashgate，2006：53-56.
[2] Oshana M. Personal autonomy and society. Journal of Social Philosophy，1998，29（1）：81-102.

的人，这些关系赋予行动者实质性的权力，自主性的充分必要条件大致有七条，分别为：①认知能力（保障自我反思和自我意识）；②理性能力（保障行动者能够遵循自己的计划避免自主失败的情况）；③程序性独立（保障反思内容的真实性）；④自尊（保障行动者的自主性不受他人利益或更大事业的压迫）；⑤控制（保障行动者自己决定如何生活的权力）；⑥一些选项的可及性（保障行动者不会被迫选择从属关系的生活）；⑦实质性独立（保障行动者的安全并且使其有权力去追求自己认为有价值的生活计划）。[1]因为这些实质性条件在现实情境中极难达到，并且奥莎娜一方面强调社会关系对于自主性的决定性影响，另一方面又强调行动主体的实质性独立地位来避免他人影响，这实际上是从否定意义上来界定社会关系对个人自主性的影响，这种意义上的自主性在实践中无疑会造成人与人之间的分离与对立，造成对于一些珍贵的人类情感、亲密关系、依赖关系、关怀关系的伤害，从而容易导致一种过度的个人主义（hyper-individualism）。

斯多加尔认为，传统的程序性自主所要求的条件对于自主性来说虽然必要但并不充分，因为从女性主义的直觉来看，很多符合程序性自主条件的行动都与直觉相悖。对于那些内化了压抑的社会规范和刻板印象的女性来说，她们根据这些规范和价值观指引所形成的偏好或所做出的决定并不是自主的，因为这些规范和价值观本身就是错误的，且这些错误的价值内容也会损害行动主体对其进行批判性反思的能力。因此，真正自主的偏好或决定，必须满足某些实质性规范的限制，需要受到正确的规范指引。斯多加尔认为，只有较强的规范能力理论（the stronger normative competence theory）才能满足自主性的充分条件，即自主性要求行动主体具有一种能够根据相关规范性标准称职地批判其行动过程的能力（competence）。较弱的规范能力理论（the weaker normative competence theory）则只要求行动主体对其行动产生价值感，认为自己有能力根据规范性要求对自己的行动负责。但这在斯多加尔看来是不够的，对于一些已经被内化了的错误规范，人们很难进行批判性反思。[2]虽然斯多加尔的强实质性自主观可以解释女性主义直觉的问题，但是却走向了另一个极端：何种规

---

[1] Oshana M. Personal Autonomy in Society. Hampshire: Ashgate, 2006: 76-87.
[2] Stoljar N. Informed consent and relational conceptions of autonomy. The Journal of Medicine and Philosophy, 2011, 36（4）: 375-384.

范和价值才是"正确"的呢？对于"正确"的价值规范的要求可能导致两种后果：第一，要么陷入一种怀疑论的虚无主义，即行动主体无论所接受的是何种价值规范，都要对其进行怀疑和批判，但如果抛开历史维度，很难对一个社会中某一特定阶段的习俗、观念、规范进行评价性反思，例如奴隶社会和封建社会是历史发展的必经阶段，我们只能通过后世的眼光予以评价，而身处其中的人很难跳出历史的局限性去对这些习俗和规范进行客观评价；第二，要么会导致一种价值上的霸权主义，即一些人或国家认为自己的价值观是"正确"的并以此来干预他人或其他国家的自主权，从而侵犯他人的基本自由权利，这也与现代社会的多元文化价值背景相冲突。在生命伦理学中则很可能导致一种强家长主义，即如果医生认为患者的决定并不是出自正确的价值规范，则可能会否定患者自主选择的方案并予以家长式的强制干预。因此，斯多加尔的较强的规范能力理论也遭到了诸多批评和反对。对于奥莎娜和斯多加尔等人的强实质性自主的批评以克里斯特曼和玛丽莲·弗里德曼（Marilyn Friedman）等人的关系性的程序性自主为主要代表。

（二）关系性的程序性自主

克里斯特曼和弗里德曼等人认为德沃金等人的程序性自主无法解释价值承诺和偏好的来源以及规范能力的问题，同时也无法解释压迫性的社会结构对于自主性的破坏性影响，而奥莎娜等人的强实质性自主则对自主性提出了诸多难以实现的实质性规范条件。故此，克里斯特曼和弗里德曼在程序主义的基础上吸收了奥莎娜等人所提出的社会关系、社会规范、观念等对自我观念具有构成性影响的观点，对程序性自主进行了改造。但与奥莎娜和斯多加尔的强实质性自主不同的是，关系性的程序性自主虽然考虑到了自我的社会本性，但并不认为在行动主体的自主行动中社会关系起到决定性作用，因而仍然属于程序性自主观的范畴。

克里斯特曼认为，奥莎娜的实质性自主概念存在内在矛盾，即自主的行动主体要求具有一定的实质性独立来形成自己的价值观或偏好，以避免受到他人的影响，但是这与人的社会关系本质存在紧张关系。一方面，奥莎娜强调行动主体的实质性独立，如果排除掉一切可能影响个人选择的社会关系，那么就会导致一种过度的个人主义，在排除可能存在压抑行动主体的社会关系时，也同样排除了与之相关的亲密关系、关怀关系等对于健全人格的培养。这不仅会造成人与人之间的分离，而且与人的社会性本质相矛盾。另一方面，克里斯特曼认为，奥莎娜的观点所依赖的是某些实质性的价值承诺，例如"我必须无条件服从上级"，而这种价值承诺在概念上就与自主性不一致。克里斯特曼指出，奥莎娜的观点实际上是一种实质性的完善论（perfectionism），这种完善论认为价值和道德原则可以独立于个人的判断而有效，如果将实质性的完善论引入自主性概念将会破坏自主性概念本身所具有的实际效用。例如，一位女性深思熟虑后选择对她的丈夫言听计从，放弃自己关于家庭事务的自主选择的权利，尽管她反思性认同了这个选择，但是奥莎娜等人会认为她的自主性受到了错误观念的指导，很可能会允许其他社会机构或行动者强行介入其中进行干预，"帮助"她恢复自主性，这实际上是一种专横的家长主义，与现代性的基本价值——个体权利相冲突。克里斯特曼说道："自主性的思想不仅在正义原则中设定了反完善论（anti-perfectionism）和反家长主义（anti-paternalism）的界限，它还规定了成年公民的特征，他们的利益和观点塑造了这些正义和民主原则。这一概念必须表现出对公民之间涉及思维模式、身份模式、宗教和其他价值承诺等方面的多重差异的敏感性。"[1]克里斯特曼认为，一种反完善论的自主性概念之所以有价值，仅仅是因为它在一定程度上构成了人的能动性和真实选择的能力，而这种选择是尊重自己和他人的基础。只要一个人真正接受了哪怕是所谓的压迫性的社会地位或从属角色，只要其对这些角色的判断与我们对自己生活的判断具有相同的形式特征，这个人就应该受到尊重。

奥莎娜等人的强实质性自主观尽管从根本上与自主性概念存在冲突，但仍有其优点，那便是强调人的身份是由社会关系构成的、人的能力需要在社会关系中才能得到发展。克里斯特曼吸收了这些关系性的思想，同时他也赞同奥莎娜等人对程序性自主观的批评。因为传统的程序性自主观的确忽视了行动主体的身份以及行动的社会维度，因而无法解释那些被压抑的规范和关系彻底社会化的行动者的自主性问题。因此，克里斯特曼所要解决的问题便是在坚持一种反完善论的程序性自主观的基础上，如何将关系维度引入自主性概念。

---

[1] Christman J. Relational autonomy, liberal individualism, and the social constitution of selves. Philosophical Studies: An International Journal for Philosophy in the Analytic Tradition, 2004, 117: 143-164.

克里斯特曼敏锐地察觉到程序性自主与实质性自主之间对于自主性的争论的关键在于有没有区分开自主性的概念条件（the conceptual condition）与自主性的发展条件（the development condition），两种自主观是在不同层面上界定的自主性。在他看来，程序主义的自主性条件是在行动主体的欲望、价值和诸如此类的内容得到适当发展之后，要求对一阶欲望的反思性认同过程独立于这些内容之外，这属于自主性的概念条件；而强实质主义则要求特定的价值观或承诺必须是行动主体自主性的一部分，这属于自主性的发展条件。他借用尼德尔斯基的话说道："传统的关于真实性的解释只包含孤立的主体对自己欲望的反思，而关系性的解释则'通过人类互动的形式来考虑自主性，在这种形式中自主性将得到发展和繁荣'。"[①] 也就是说，传统的程序性自主是纯粹内在主义的，只关注行动主体自身在选择过程中内在的心理状态，而实质性自主则更多地关注行动主体自主性的发展与繁荣，前者表现为具体的某一次行动或选择，属于局部性的自主（local autonomy），而后者表现为一种人类的特有属性，属于一种整体性的或完全的自主性（global autonomy 或 fully autonomy），二者的关系也可以表述为自主的行动与自主的行动者的区别。[②] 克里斯特曼指出，程序主义与实质主义的争论集中在自主性的真实性条件（authenticity conditions）和能力条件（competence conditions）。真实性条件以真实的自我概念为核心，无论何种自主观都要求自主的选择所根据的偏好、价值观等均源自自我并且被认为是真正属于行动主体的，而对于"自我认识"的不同理解——是自我源起的还是由社会构成的，导致了不同自主观对自主性的真实性条件的不同要求；能力条件通常指的是自控能力、理性反思能力、远离操纵和自我欺骗能力等等，而是否考虑能力受到社会关系的积极或消极影响，则是程序主义与实质主义的另一个区别所在。克里斯特曼认为，一个人的自我概念不仅受到复杂的、交叉的社会决定因素的影响，而且是在社会关系中构成的，自我反思的过程同样受到这些因素的影响。因此，他在坚持程序主义的基础上分别对自主性的真实性条件和能力条件进行了关系性改造，提出了一种关系性的程

---

① Christman J. Relational autonomy, liberal individualism, and the social constitution of selves. Philosophical Studies: An International Journal for Philosophy in the Analytic Tradition, 2004, 117: 143-164.
② 对于自主性的整体的（global）与局部的（local）的区分很多学者都有所论述，相关内容可参见：Oshana M. Personal Autonomy in Society. Hampshire: Ashgate, 2006: 56.

序性自主观。①

一方面，克里斯特曼在传统程序主义的真实性条件上增加了历史的（historical）、反事实的（counterfactual）、非异化（non-alienation）的限制，即强调在欲望、偏好或价值承诺等内容形成的历史过程中，行动者如果意识到这一过程，并且对该过程表现出赞同或者至少是不反对的态度，行动者就是自主的，若是发现这些内容是被异化的并对其发展过程感到疏离或排斥，则需要对这些内容形成的过程进行反思并修正。与反思性认同不同，非异化的限制并不要求行动者完全认同这些欲望、偏好的内容，而允许行动者对一些欲望、偏好或价值承诺持有一种既不认同也不反对但却接受的态度。②另一方面，他对批判性反思的过程所需要的能力条件也增加了进一步的限制，即行动者批判性反思的能力必须不受其他"非法的"（illegitimately）因素的扭曲影响，"非法的"因素指的是那些会损害个人对激励其欲望形成的方式的评估能力的各种因素，包括心理上的、社会上的和身体上的，例如强迫、暂时或者永久的精神疾病、毒瘾，以及对行动者进行洗脑和操纵等等。这些因素会削弱一个人反思性地接受他的一阶动机的能力以及改变他过去发展这些动机的方式，使得行动者的批判性反思的能力受到损害。③

通过对真实性条件和能力条件的关系性改造，克里斯特曼得出了他的自主性概念，即"如果引起欲望的影响和条件是行动者赞成或不反对的因素，或者是她即使能注意到也不会反对的因素，并且这种判断是或将是以最低限度的理性、非自欺欺人的方式做出的，那么行动者的这种欲望就是自主的"④。也就是说，人们可能对一些不好的、低劣的事物和生活方式有欲望，且不一定是不自主的。克里斯特曼认为这并不是程序模式的缺陷，只能说这种自主性概念是内容中立的。一个人如果对外部权威做出无条件的顺从，或过着程序性自主所

---

① 克里斯特曼认为，关系性自主很有价值地强调了自我的社会嵌入性，同时没有放弃正义的基本价值承诺。这些概念强调了我们自我概念的社会组成部分，也强调了作为背景的社会动态和权力结构在自主的运用和发展中所起到的作用。因此，他的自主性观点也被称为关系性的程序性自主观。

② Christman J. Relational autonomy, liberal individualism, and the social constitution of selves. Philosophical Studies: An International Journal for Philosophy in the Analytic Tradition, 2004, 117: 143-164; Christman J. Liberalism, autonomy and self-transformation. Social Theory and Practice, 2001, 27 (2): 185-206.

③ Christman J. Relational autonomy, liberal individualism, and the social constitution of selves. Philosophical Studies: An International Journal for Philosophy in the Analytic Tradition, 2004, 117: 143-164.

④ Christman J. Autonomy and personal history. Canadian Journal of Philosophy, 1991, (1): 1-24.

被批判的那种生活，只有当其在充分反思后也不会拒绝这些条件时，这个人才是自主的。因为克里斯特曼强调对偏好形成的历史过程的批判性反思，而不是对当前自主选择的批判性反思，从而与德沃金等人的程序主义不同，他理论中的人是社会历史中的人，个人的偏好、价值观都是在社会关系和个人历史中形成的，因此是一种关系性的自主观，也被称为关系性的历史主义。

克里斯特曼的历史主义存在这样的问题，即他对于自主性的关键——欲望形成的历史过程的关注可能表明他预设了一个不现实的条件，即自主的行动既需要彻底的自我透明，又需要对我们的个人历史进行持续的、有意识的批判性反思。事实上，克里斯特曼回避了自主性的社会标准，因为这种标准包含了足以使自主性妥协的外部因素。克里斯特曼认为，为了"把握自主性背后的激励概念——自主性的理念"，自主主体的合理性必须通过主体内部的一套"主观"标准来定义。因此，他的解释是双重的内部主义，即一方面理性不允许有外部标准，另一方面自主性依赖于个体的心理特征。[1]

（三）关系性的弱实质性自主

由于关系性的强实质性自主与关系性的程序性自主都存在各自的问题与挑战，一些关系理论家试图提出一种关系性的弱实质性自主来进一步推进对自主性的关系性诠释，其主要代表是女性主义者麦肯锡。

麦肯锡将当代诸种自主性理论的核心概括为以下内容："尊重自主性就是尊重每个人根据她自己的善观念去生活的利益。尊重他人自主性的规范性要求基于这样一个假设——自主性使得个人能够拥有对自己生活规范的权威（normative authority）。这种权威是一个人能够完全出于个人自身的理由对其生活做出有实践意义的决定的权威，而无论这些理由是什么。自主的行动者被认为具有能力、权利和责任去运用这种权威，即使他们并不总是明智地运用。"[2]

---

[1] 对克里斯特曼的这部分批评来自麦肯锡，此外她也指出，克里斯特曼的早期（1991年）观点的确存在这样的问题，但后期（2009年）他对此做出了改进，即承认我们通常对自己的动机并不明确，批判性反思并不需要一个持续的、深思熟虑的、有意识的过程。具体参见：Christman J. Autonomy and personal history. Canadian Journal of Philosophy, 1991, (1): 1-24; Christman J. Autonomy in Moral and Political Philosophy. The Stanford Encyclopedia of Philosophy, 2009.

[2] Mackenzie C. Relational autonomy, normative authority and perfectionism. Journal of Social Philosophy, 2008, 39 (4): 512-533.

在她看来，一个行动主体对其生活中的重要决定的规范性权威是建立在其实践同一性（practical identity）以及主体间的承认（intersubjective recognition）的基础上的，而这种规范性权威正是自主选择的真实性来源，同时社会机构和国家有促进其公民提高自主能力的积极义务。麦肯锡的弱实质性自主观认为，规范性权威首先是属于个人的，但同时又是具有关系性的，一个行动主体要对其决定和行动具有规范性权威，其行动的理由仅表达行动主体的实践同一性是不够的，行动主体自身还必须认为自己是这种权威的合法性来源——有能力且有权力为自己说话，同时，这种对于自身的态度只有在主体间的认知关系中才能维持，因此，自主性也是一种社会构成的能力，因为我们对于自身的态度——自尊、自信和自重，以及我们的自我感觉——我们能够要求与我们的生活有关的规范性权威，只能在主体间发展和维持，这些态度深深嵌入了人与人之间的关系和相互承认的社会结构中，一个行动主体的自主性与他的社会关系状况是内在相关的，也正是因为这个原因，我们的自主性会因缺乏承认而受到损害。

麦肯锡肯定了克里斯特曼对于强实质性自主观可能导致一种毫无理由的家长式干预的担忧，这种家长式干预可能会破坏那些真正接受一种从属等级的传统生活模式的人的自主性，并且会将在社会中被边缘化和受歧视的人群排除在公共审议之外，即认为他们没有足够的自主性参与到公共政策的制定中。但在面对克里斯特曼对实质性自主观可能导致道德和政治上的完善论指控时，麦肯锡认为，她所提出的弱实质性自主从某种意义上讲虽然也是一种完善论，但这种完善论与强实质性自主观不同，是一种基于自主性的道德完善论，因为对于促进自主性这一价值的承诺意味着对自主能力的培养和促进自主性的发展及运用所必需的人际关系和社会条件的完善论承诺。也就是说，弱实质性自主观所要求的对于自主性的完善只有通过在关系中对自主性的外在条件的完善才能实现。她引用约瑟夫·拉兹（Joseph Raz）的观点为此辩护。拉兹认为，自主性不仅仅是一个人可以追求或拒绝的目标或计划。自主性更是过上美好的、有价值的和繁荣的人生的重要组成部分。这种基于自主性的完善论（autonomy-based perfectionism）与价值多元主义相当一致。事实上，拉兹认为，在价值多元的文化背景下，自主性使不同的、不相容的生活方式之间的选择成为可能，每一种生活方式都提供了不同的行动理由，并涉及不同的美德。此外，在一个支持自主性的文化中，拥有不同的善观念和生活方式的人们之间的道德冲突将不可避免地出现。[①]因此，以自主为基础的完善论并不意味着自主是唯一的价值。但它确实意味着，不公正地限制社会中某些个人或群体的价值选择范围的生活方式是没有价值的。与此同时，她还赞同安德森和霍耐特对于自主性的看法，认为对自主性的促进是一个社会正义问题，一个公正的社会有义务促进公民的自主性，即国家和各类社会机构有义务发展那些有利于实现公民自主性的社会条件，这就需要确保社会、政治、法律和经济制度为公民之间的相互承认提供基础。这种弱实质性的完善论并不意味着支持使用强制的家长主义手段来促进自主性，而是强调自主性对于有价值的、繁荣的生活的重要性以及自主性本身的社会性，同时也强调了社会机构通过为自主性创造社会条件来促进公民自主性的积极义务。它的目的绝不是破坏对脆弱的和处于边缘地位的人和群体的自主性的尊重，而是确保真正的尊重所必需的社会条件。如果行动主体所处的社会关系和社会结构不能为其提供必要的认知基础，以维持对自身规范性权威的某些态度，那么这种关系和社会结构就是不利于自主性的。

四、结　语

综上所述，程序性自主与实质性自主并非完全对立的两种观点，实质性自主与程序性自主都认为自主的决定或行动应当出自行动者本人。二者的区别主要在于，程序性自主不考虑作为主体内在理性反思的起点的价值信念或价值承诺的来源，以及行动者欲望表达过程中外在社会性因素的影响，而实质性自主则强调社会关系对于自我的构成性影响，对价值信念的来源、选项空间、自主能力等都有所要求。不论是程序性自主还是实质性自主，这些自主性观点都是在相互批判、相互吸纳对方有益观点中辩证发展的，任何静态的将二者完全对立以进行分析研究的观点都是片面的和不准确的。其中，关系性的弱实质性自主这种以促进行动主体自主性为规范性承诺的自主观似乎是当前比较完善且较有说服力的观点，它既肯定了程序性自主对于价值多元背景下人的个

[①] Raz J. Ethics in the Public Domain: Essays in the Morality of Law and Politics. Oxford: Clarendon Press, 1994.

性的保护，又考虑到了社会环境对于自主能力以及自主行动的实现的重要影响，同时又避免了强实质性自主可能导致的家长主义或强制干预等消极后果。因此，这种自主观似乎更适合于化解医疗实践中的医患冲突，为构建和谐的医患共同体提供规范性基础。

Relational Autonomy in Bioethics

Liu Yao
（Fudan University）

Abstract：Relational autonomy mainly includes three core arguments： first, the autonomous agent is composed of social relations； second, the development and exercise of autonomy not only requires extensive and continuous intersubjective, social and institutional support, but also may be suppressed by these social factors； third, social justice is crucial to the realization of autonomy. By taking the basic conditions of autonomy, including the condition of independence, the condition of authenticity and the condition of competence, as the analytical framework, it can be found that relational autonomy presents a logical process of dialectical development, that is, on the basis of critical development of traditional procedural autonomy, relational strong substantive autonomy, relational procedural autonomy and relational weak substantive autonomy appear successively.

Keywords：relational autonomy, procedure, substance

人性可以作为反对人类增强的理由吗？

——生物保守主义的反增强论证解析

闫雪枫

（复旦大学）

摘　要：生物保守主义出于保护人性的目的在原则上反对人类增强。这种主张可以从三个方面来理解：一是我们应当保护人性中固有的内在价值，也就是人性所具有的神圣性；二是人性为人类尊严、人权、道德地位等其他重要的价值提供了基础；三是人类增强对人性产生影响，最终会危及人类社会的政治体制。然而，生物保守主义并未对人性给出清晰的解释，将人性等同于由遗传产生的一系列特质的做法也存在问题。在此基础上形成的对人类增强的反对意见难以成立。对于人类增强的讨论应当从人性的概念框架转向特定增强技术在具体情境中产生的伦理问题。

关键词：生物保守主义，人类增强，人性，基因工程

生物医学增强是指采用生物医学手段来提升人的特定能力。使用药物增强身体、认知和情绪方面的表现，在胚胎植入前进行遗传学检测，以及对胚胎进行基因编辑等都属于生物医学增强的范畴。由于采用的方式不同于传统的人类增强，使用生物医学手段进行增强引发了对于增强可能会导致的伦理问题的广泛关注。对于人类增强的不同立场可分为生物保守主义和生物自由主义。生物自由主义对于生物医学技术的使用有着较为宽松的态度。代表性的生物自由主义者包括艾伦·布坎南（Allen Buchanan）、詹姆斯·休斯（James Hughes）、朱利安·瑟武列斯库（Julian Savulescu）等，他们通常从功利主义的角度出发，认为增强对于个体和社会都有积极的影响，因此没有理由从原则上

反对人类增强。在一些激进的生物自由主义者看来，某些形式的增强甚至是人类的义务。另外，反对以生物医学方式对人类进行增强的学者被贴上了生物保守主义的标签，其中的主要代表包括弗朗西斯·福山（Francis Fukuyama）、尤尔根·哈贝马斯（Jürgen Habermas）、莱昂·卡斯（Leon Kass）、迈克尔·桑德尔（Michael Sandel）。生物保守主义对于生物医学增强的反对意见主要集中在20世纪90年代的基因工程技术。随着基因编辑的出现，这一看似久远的话题增添了现实意义。尽管生物保守主义并不完全等于政治上的保守主义，许多生物保守主义者仍然持有较为保守的政治立场，并且因此形成了对于生物医学技术的保守态度[①]。生物保守主义者认为在治疗范围内以恢复健康为目的使用生物医学技术可以被允许，但用于增强人类的目的在道德层面存在问题。他们担心，通过生物医学手段实施的人类增强会破坏人性。我们应当保护人性中那些处于技术领域之外的价值，改变人性的行为在道德上本身就应当受到质疑。此外，人性的改变还会进一步影响到与人性相关联的重要概念，比如人类尊严、人的权利以及道德地位。要对生物保守主义的反增强观点进行评估需要澄清几个关键的问题。首先需要明确的是人性概念的内涵。在清晰的人性概念的基础上，才能进一步判断使用生物医学手段进行人类增强是否必然会对人性造成破坏。此外还需要说明的是，人性的价值来源是什么。换言之，人性为何具有强有力的规范性，使得从原则上反对人类增强能够成为一种合理的主张。本文将要说明，生物保守主义将自然视为人性特殊价值的来源，但并未充分论证对自然的偏好是合理的。人性作为不完美的自然产物也说明以保护人性为理由反对增强难以成立。进而，本文将要说明，由于自然与非自然之间的彻底区分难以实现，人性与人类尊严等概念之间未能建立起生物保守主义所设想的关联。因此生物医学增强对于人性的影响不一定会延伸到人类尊严等概念上。即便人性与诸多概念之间存在关联，但生物保守主义者所担忧的负面影响大多依赖于被增强者的主观感受，因此并非增强的必然结果。就现有的论证来看，以保护人性为基础无法形成对于人类增强的有力反驳，以人性概念作为理论框架限制了对于增强讨论的进一步推动。

---

① Browne T K，Clarke S. Bioconservatism，bioenhancement and backfiring. Journal of Moral Education，2019，49（2）：241-256.

一、人性具有特殊的内在价值吗?

生物保守主义者认为,人性之所以值得被珍视和保护,原因在于人性本身就具有某种价值,人类有责任保护这种价值免于遭受增强技术的破坏。那么,人类应当保护的人性具体指的是什么?美国总统生命伦理委员会主席莱昂·卡斯明确提出,人性是单一且不可被侵犯的,人类与生俱来的本性是一种特殊的礼物,应当对它给予特别的重视和尊重。然而卡斯并未对人性给出清楚的定义,只是主张我们不应当对人性做出任何改变[①]。桑德尔也持有与卡斯类似的观点。值得注意的是,桑德尔并未使用"人性"一词,而是用了"天赋"(giftedness)。天赋意味着它是被自然给定的,这一概念强调了人性当中与生俱来部分的重要性[②]。桑德尔认为基因工程与增强的使用代表了一种超能动性倾向,旨在重新塑造自然或改造人性,以此服务于我们的目标、满足我们的欲望。它的问题不在于朝向机械发展的趋势,而在于人想要进行控制的动机。这种动机忽视乃至破坏了对天赋的人类力量和成就的感激,体现了人类试图操控自然的欲望。桑德尔进一步提出,承认天赋就是承认我们的天才和力量并不全是由我们自己所达成的,甚至并不完全属于我们;同时,这也是在承认并不是世界上所有的事物都能作为我们欲望的对象而被使用[③]。

从上述观点中可以看出,卡斯和桑德尔似乎认为,人性与自然之间有着紧密的联系。自然赋予了人性某种神圣性,使得后者具有内在价值。进一步需要追问的是,如果人性是因为作为自然的产物而具有价值,是否暗示了自然本身在生物保守主义者的论证中就是善的来源。不考虑宗教观念的话,世俗版本的神圣性就可以被理解为自然的神圣性。因此,不难理解以卡斯为代表的部分生物保守主义者会对人类增强这样一种"不自然"的行为有着本能的抗拒甚至出于直觉的厌恶。对此卡斯并不讳言,他承认厌恶本身并不是论据,但同时也认为厌恶是"一种深刻智慧的情感表达,超出了理性完全表达的能力"。然而,

---

① Kass L. Beyond Therapy: Biotechnology and the Pursuit of Happiness. New York: Harper Collins Publishers, 2003: 287.
② 参见 Lewens T. Enhancement and human nature: the case of Sandel. Journal of Medical Ethics, 2009, 35 (6): 354-356.
③ 迈克尔·桑德尔. 反对完美: 科技与人性的正义之战. 黄慧慧译. 北京: 中信出版社, 2013: 26-27.

试图用本能的情感反应替代论证本身并不具有说服力。这种厌恶的情绪有可能来自认知上的偏差和偏见。当我们说规范的自然概念为人类指明了道德上的边界时，就是预设了存在一个全然客观的、固定的自然概念作为参考。但这样的自然概念是否存在值得怀疑，因为规范性"自然"的内涵与文化语境有着高度的相关性[①]。在过去，种族主义、性别歧视和同工不同酬长期被视为自然的现象，是理所当然的社会规范，对于这些所谓规范的反思也是后来逐步出现的。到了今天，追求和实现种族、性别等方面的平等已经成为国际社会的广泛共识。由此可见，对自然的理解并非一成不变。随着时代的发展，过去的不自然成了新的自然，进而产生出新的意识和规范。总之，我们或许可以通过对不自然产生的厌恶和反感情绪来探究人们为什么会倾向于从直观上反对增强，但并不能充分说明对于自然的偏好是合理的。因此，也无法进一步论证人性由于是自然的产物而具有特殊价值。

此外，对于人性之自然性的推崇揭示出生物保守主义的潜在假设，即认为人性作为生物进化的结果本身就是自然智慧的体现，其复杂性是人类永远无法彻底把握的。美国总统生命伦理委员会强调了自然智慧在人类进化结果上的体现："人类的身体和心灵是经过亿万年渐进和严格进化而达到高度复杂而微妙的平衡的，很大程度上会受到任何考虑不周的'改进'尝试的威胁。……无论干预者认为所寻求的改变是多么值得追求，我们微妙地整合的自然身体力量是否会善待这种强加的东西，目前仍然是不清楚的。"[②]人类物种经过亿万年的进化已经趋于完美，不仅没有被修改的必要，而且当前的状态远远超出人类所能设计和提升的水平。这样一种态度将进化视作了"首席工程师"[③]，人类增强的行为无异于在自然最为完美的作品上画蛇添足，还可能由于有限的关于进化的了解而对人类造成伤害。这种比喻的问题在于，人类物种发展到今天所具有的能力和特征是进化的结果，进化并不一定趋向完美。如果将自然比作工程师，就是预设了进化存在最终目的，人类进化过程中的每一步都是遵循着某种设想，朝着既定的目标前进的。实际上，人类目前的身体构造中存在

---

① Düwell M. Bioethics: Methods, Theories, Domains. New York: Routledge, 2012: 125-126.
② Kass L. Beyond Therapy: Biotechnology and the Pursuit of Happiness. New York: Harper Collins Publishers, 2003: 285-286.
③ Powell R, Buchanan A. Breaking evolution's chains: the prospect of deliberate genetic modification in humans. The Journal of Medicine and Philosophy, 2011, 36 (1): 6-27.

着许多缺陷。人类祖先在尚未开始直立行走时其脊柱形态并非像现在一样是垂直的，而是呈现出拱形状态，目的是能够缓解用四肢行走带来的压力。然而，柱状的脊柱让直立行走的人类出现了腰痛、脊柱侧弯等一系列问题。此外，婴儿头骨与女性骨盆的大小差异使得生育这一重要的人类活动伴随着极大的痛苦和风险。这些都是自然进化中十分普遍的"次优设计"的体现。另外正如前文提到的，自然进化没有终极目的和设计图纸，进化中的变化是根据生物在当时环境中的适应性需求发生的，这也意味着当我们说某种特性是对自然的适应时并不准确。更为恰当的表述是，生物生存的环境始终处于不断变化之中，适应的对象只是当下的环境，变化是在缺乏设计的情况下对于生物特征的临时修补。正如布坎南所指出的，适应性着眼于生物体的局部而非全局，同时在时间上也是有限的。鉴于自然进化存在的种种缺陷，在权衡收益与风险之后，我们或许有理由选择对人类性状进行有目的的基因改进①，至少不以保护人性为理由而彻底反对人类增强。根据上述论证，人性具有特殊价值这一主张难以成立。

二、人性是其他重要概念的基础吗？

对于生物保守主义者而言，保护人性免受生物医学增强的影响的另一个理由是人性是人类尊严和人权等重要概念的基础，人性的存在也奠定了人类道德地位的根基。在《我们的后人类未来》一书中，弗朗西斯·福山表达了对于生物医学技术对人性造成威胁的担忧。"当前生物技术带来的最显著的威胁在于，它有可能改变人性并因此将我们领进历史的'后人类'阶段……人性的保留是一个有深远意义的概念，为我们作为物种的经验提供了稳定的延续性。它与宗教一起，界定了我们最基本的价值观。"②从生物学的角度出发，福山将人性定义为"人类作为一个物种典型的行为与特征的总和，它起源于基因而不是环境因素"③。人性之下的一系列特征既是物种的典型特征，也是人类独一

---

① Powell R, Buchanan A. Breaking evolution's chains: the prospect of deliberate genetic modification in humans. The Journal of Medicine and Philosophy, 2011, 36 (1): 6-27.
② 弗朗西斯·福山. 我们的后人类未来. 黄立志译. 桂林：广西师范大学出版社, 2017: 10.
③ 弗朗西斯·福山. 我们的后人类未来. 黄立志译. 桂林：广西师范大学出版社, 2017: 130-131.

无二的特征。正是这种本性使人类作为一个物种得以和其他物种区别开来。因此，福山建议保护我们复杂的、从进化得来的全部天性，"避免自我修改。我们不希望阻断人性的统一性或连续性，以及影响基于其上的人的权利"①。人性概念对政治体制有着重要的影响，如果某种技术能够重塑我们对人类是什么的理解，民主制度和政治体制可能也会随之发生改变。福山认为，由于现代生物学的发展，近一两百年来哲学轻视人性概念的做法是错误的，"因为任何关于权利的有价值的定义必然基于对人类本性的实质判断之上"。②

福山借用 X 因子对人性概念进行了解释。X 因子是一些"根本的生命品质"，无法被还原为任何一种单一的特征。X 因子不能被还原为道德选择或是理性、语言、社会性、感知能力、情感、意识，或任何其他作为人类尊严的基础的特质。所有这些特质一起构成了人类完整的 X 因子，赋予了人类尊严和更高的道德地位。每一个人都拥有一种使其成为完整人类的遗传天赋，这种遗传天赋使人类从本质上与其他生物相区别。使用生物医学技术对人类基因进行干预的行为将会影响人类的尊严与道德地位。从福山的角度来看，是否有一个内涵清晰的人性概念可能并不重要，X 因子也不需要是具体的。真正重要的是"我们确实需要在某一个重要的方面相像才能够拥有平等的权利"③。拥有未受到基因工程干预的 X 因子为人类共同体中的每个成员奠定了拥有平等的道德地位的基础。福山对于增强的警惕不只局限于基因工程，利他林、百忧解等药物的使用日益广泛的现状也引起了他的担忧。尽管药物带来的增强效果不具有遗传性，但仍然传达了人类出于功利主义目的试图改变自我的期望。自我改变涉及使用药物干预人类的正常情感，情感同样是 X 因子中重要的组成部分。因此福山认为，增强药物的使用很可能危及人类尊严④。

哈贝马斯同样关注基因工程对于道德地位的影响，他重点考察了在以增强为目的的使用背景下，基因工程对父母与孩子、个人与他人之间的关系产生的影响。在生物科学和生物技术发展的推动下，人类所"是"的本性和人类"给予"自己的有机禀赋之间的界限消失了⑤。哈贝马斯所理解的人性是某种未经

---

① 弗朗西斯·福山. 我们的后人类未来. 黄立志译. 桂林：广西师范大学出版社，2017：172-173.
② 弗朗西斯·福山. 我们的后人类未来. 黄立志译. 桂林：广西师范大学出版社，2017：16.
③ 弗朗西斯·福山. 我们的后人类未来. 黄立志译. 桂林：广西师范大学出版社，2017：154.
④ 弗朗西斯·福山. 我们的后人类未来. 黄立志译. 桂林：广西师范大学出版社，2017：174.
⑤ Habermas J. The Future of Human Nature. Cambridge: Polity Press, 2003: 11.

干预的、与人工相对立的自然的存在。他指出，过去人们普遍认为物种边界是不可改变的，但基因工程打破了这种边界，影响到了人类物种成员这一概念本身。生物技术模糊了主观与客观、自然生长与人工之间的绝对区别，而自然生长正是我们得以将自己视为生活创造者的前提条件，也使得我们在道德共同体中与他人的平等关系成为可能。在哈贝马斯看来，自然与人工之间的区别之所以重要，是因为未经基因工程干预的遗传基因具有偶然性，偶然性为我们在社会生活之外提供了一个独立的起点，是"我们人际关系的基本平等性质的必要前提"①。依托这种纯粹的偶然性，我们得以将自己视作自己生活的作者，他人也是其自身生命的作者，由此每个人都成为人类道德共同体中的一员。哈贝马斯担心物种的伦理自我理解将会因为基因工程的介入而发生改变，"我们可能不再将自己视为受规范和理性指导的伦理自由和道德平等的存在"②。对人类基因的操纵由此破坏了我们作为一个身体存在的假设，并进一步催生出人与人之间一种全新的、不对称的人际关系③。"当一个人对另一个人的自然特征做出不可逆转的决定时，一种以前从未听说过的人际关系就产生了。这种新型关系冒犯了我们的道德敏感性"④。当父母使用基因工程对胚胎进行干预时，就是在将个人的偏好和意愿强加在孩子身上。在未来，这种选择限制了一个人生活计划的可能性。按照哈贝马斯的说法，父母与孩子之间的关系成为编程者和被编程者的不平等关系，后者无法摆脱基因干预带来的不可逆影响，而且会不可避免地将自己的存在理解为父母意志的产物，而非个人生活的作者。

　　福山和哈贝马斯的论述展现了生物保守主义者为人性辩护的另一种策略：将人性作为人类尊严、人的权利以及保障人与人之间平等地位的政治制度的基础。这也解释了生物保守主义者为什么在描述人性的时候将文化因素排除在外。他们试图在外部影响之外找到一个人人平等的起点，因此将人性限定在了人类的自然属性方面。这种倾向背后的预设是，自然与人工、自然与社会文化之间有着清晰的分界。人性这一概念传统上来自对自然和培育的二元观点的简单理解，而这种理解现在已经完全被另一种更为合适的理解所怀疑，即

---

① Habermas J. The Future of Human Nature. Cambridge：Polity Press，2003：41.
② Habermas J. The Future of Human Nature. Cambridge：Polity Press，2003：41.
③ Habermas J. The Future of Human Nature. Cambridge：Polity Press，2003：Ⅲ.
④ Habermas J. The Future of Human Nature. Cambridge：Polity Press，2003：14.

基因和环境与基因型和表现型之间的复杂关系。也就是说，人是由自身基因与成长过程中所处的文化环境共同塑造的。既然我们很难区分自己身上的哪些特质属于人类本性，那么诉诸人性来反对增强就是行不通的。我们所生活的世界中很少有严格意义上"自然"的东西。自然与人工的结合始终渗透在人类生活的各个方面①。如果用是不是自然的作为划分标准就会出现这样的悖论：疾病本身是自然的一部分，按照生物保守主义者的理解，医疗活动也可以算作对于自然的干预，是非自然的行为。但医学同时也遵循物理学的规律，因此也可以认为它没有超出自然的范围，可见自然与人工之间并非泾渭分明②。如果人性中的自然与文化因素难以完全区分开，人性就无法成为人类尊严等概念所需要的基础。生物医学技术对于人性的影响也就不会延伸到人类尊严、权利甚至政治制度的层面。

即便假设人性是诸多重要概念的基础，生物医学增强对于人性的影响也并不必然导致前文提及的负面结果。为了使得人性概念能够容纳一定程度的"非正常"情况，福山着重强调了人类物种典型特性的分布模式。按照这种解释，如果所有个体都接受了同样的生物医学增强，人类物种典型特性的分布模式并不会发生改变。根据福山的理论，这种情况下进行的增强并不会威胁人类的尊严和权利，也不会造成政治体制的变化。另外，从个体的角度来看，哈贝马斯所设想的结果也不必然会发生。从"把自己视作自己生活的作者"这种表述方式来看，在判断基因工程是否发挥了负面作用时，所采取的标准只是个人的主观感受。哈贝马斯认为，当一个人在得知自己是基因工程的人工产物后，必然会感到自己失去生活作者的身份，但这种必然性的根据何在？既然是主观感受，我们完全可以想象被进行基因干预的胚胎在长大成人后接纳了自己的基因曾经被技术手段干预的事实，并且不认为这一事实彻底决定了自己未来的生活走向。还有一种可能是，如果每一个人都在胚胎时期接受过基因工程技术的干预，那么每个人在长大后都会认为自己是人工的产物，从而使得人与人之间有了共同的起点，即在一种被设计的基础上每个人都是自己生活历史

---

① Bess M. Enhanced humans versus "normal people": elusive definitions. The Journal of Medicine and Philosophy, 2010, 35 (6): 641-655.

② Kaebnick G E. On the sanctity of nature. The Hastings Center Report, 2000, 30 (5): 16-23; Nielsen L W. The concept of nature and the enhancement technologies debate//Savulescu J, ter Meulen R, Kahane G. Enhancing Human Capacities. Chichester: Wiley-Blackwell, 2011: 19-33.

的作者。如果是这种情况，哈贝马斯对于基因工程破坏道德主体平等参与人际关系所必需的对称性的担忧或许就可以打消掉。由此可以认为，人性是否能够作为其他重要概念的基础仍然有待进一步的论证。即使生物保守主义者成功地说明了这一点，生物医学增强在个体和群体层面的使用也不必然导致威胁人类尊严和权利等后果。

三、人性作为人类增强讨论框架的局限性

尽管上述几位最具代表性的生物保守主义者用不同的方式勾勒了人性的大致含义，但他们始终未能对人性做出清晰的解释，人性仍然是一个模糊的概念。如果不清楚人性是什么，我们就无法判断生物医学增强是否破坏了人性。詹姆斯·休斯就曾指出，那些认为人性是人类特有的、统一的学者很少能说清人性与其他动物的特性之间的边界所在，以及人性具体包括哪些组成部分。这就给判断人性是否以及在何种程度上被增强技术所影响带来了困难[1]。

将人性等同于人类生物学特性是生物保守主义者普遍采用的方式。乔治·安纳斯（George Annas）也将人性描述为是由人类一系列固定的生物学特征组成的，这些特征定义了智人物种的成员身份。[2]然而，并没有哪一种特征是人类物种所独有的。举例来说，如果把理性作为人类区别于其他物种的重要特征，也就是作为人性的关键组成部分的话，就会将不具有理性能力的婴儿和残疾人排除在人类物种之外，这显然是不合理的。而一些灵长类动物也具有理性思考能力的事实也表明理性不能被视为人类物种独有的特征。实际上，无论选择哪一种或几种特征作为人性的组成部分都会遇到同样的问题。生物学家迈克尔·盖斯林（Michael Ghiselin）因此将人性概念视作"迷信"[3]。他认为

---

[1] Hughes J. Beyond human nature: human-racism in the debate over genetic and nanotechnological enhancement//Cameron N, Mitchell M E. Nanoscale: Issues and Perspectives for the Nano Century. Hoboken: John Wiley & Sons, Inc., 2007: 61-70.

[2] Annas G, Andrews L B, Isasi R M. Protecting the endangered human: toward an international treaty prohibiting cloning and inheritable alterations. American Journal of Law & Medicine, 2002, 28 (2-3): 151-178.

[3] Hughes J. Beyond human nature: human-racism in the debate over genetic and nanotechnological enhancement//Cameron N, Mitchell M E. Nanoscale: Issues and Perspectives for the Nano Century. Hoboken: John Wiley & Sons, Inc., 2007: 61-70.

人性必须要选择出使我们成为人类的内在特征。此外,正如丹尼尔斯所言,"本性"本身是具有高度选择性的。我们将哪些特征算作人性只能说明这些特征被赋予了更高的价值。在不同的时代和不同的社会文化语境中,不同的人类特征所具有的意义也会发生变化,不同特征的重要性也会存在差异。因此,赋予人性概念以具体内涵,并使得这一内涵兼具普遍性和物种特殊性,是一项难以完成的任务。或许是出于这种考虑,生物保守主义者大多回避了这个问题,也不认为这个问题需要确切的答案。福山的解决方式是将 X 因子作为人类基础权利的来源,用它解释了人性这个概念。

然而即便引入了 X 因子的概念,人性是什么仍然是模糊的。福山等生物保守主义者们认为基因工程和增强手段对人性造成了破坏,但并未对破坏的标准做出说明。从福山对于人性的"统一性或复杂性"的描述来看,福山所谓的人性是由 X 因子的诸多组成部分相互交织构成的,这暗示了对于任何部分的改动都将对人性造成影响。那么,假设我们以某种增强手段使一个人的智力水平得到了轻微的提高,那么这样的行为是否算作影响了一个人的人性?根据福山的说法,答案是肯定的,但从小幅度的智力提升得出人性被破坏的结论似乎仍需补充一些论证环节。总之,在没有明确判断增强是否改变了人性的标准的情况下,人性成了一个十分脆弱的概念,任何形式的改进都可能会对人性造成威胁。

对于生物保守主义的一种常见的指责是,试图从人性的存在中推断出应当对人类增强技术采取限制性的结论是自然主义谬误的体现。自然主义谬误的理论起源于大卫·休谟。休谟在《人性论》中对事实与价值进行了区分,认为从实然中推出应然是错误的[1]。许多支持增强的学者往往会强调人性对于增强讨论没有实质性的帮助,我们无法从人性中得到应当如何对待增强技术的合理指导。福山考虑到了这种指责的可能性,他指出对于自然主义谬误的主流理解方式本身就存在谬误[2]。福山试图为人的权利找寻一个可靠的来源。他先后考察了宗教和实证主义的方式。由于必然引发观念上的分歧,以宗教作为人的权利的来源难以达成政治上的共识。另外,以实证主义的方式寻求权利则会面临将权利等同于程序正确的境地。如果普世性权利不存在,正当的程序就无

---

[1] 休谟. 人性论. 关文运译. 北京:商务印书馆,2005:509-510.
[2] 弗朗西斯·福山. 我们的后人类未来. 黄立志译. 桂林:广西师范大学出版社,2017:112.

从谈起。实证主义的方式建立在社会和文化规范之上。某种权利在特定的社会中一旦被承认,就不再有超越该权利的判断标准。因此在排除了宗教和实证主义方式之后,福山将权利的来源转向了人的本性。他引用了麦金泰尔的反驳,指出休谟"相信能够将应然与实然连接的是人类自我所设定的目标和生存目的,诸如向往、需要、欲望、愉悦、幸福等观念"①。因此福山得出结论,我们如果承认我们的价值观念与情感和知觉之间存在着复杂紧密的关系,就可以打通从实然到应然之间的连接②。这种主张与前文提到的卡斯对于"厌恶的智慧"的推崇有着相似之处,都直接或间接地表明应当尊重对人类特殊道德价值的直觉③。福山承认价值形成的过程是非理性的,但也认为可以通过理性的思考对价值做出判断,这也使得他遇到了和卡斯同样的问题:在已经形成了特定的立场和价值观念的情况下,如何将个人的偏见排除出去?福山本人显然没有成功做到这一点。事实上,不仅仅是在人类增强的议题上,福山、卡斯、安纳斯这些生物保守主义者在许多问题上都表现出了极强的保守主义倾向。例如,卡斯反对克隆人和体外受精等打破自然生殖过程的生殖技术,体现出了对于所谓自然状态和人类现状的偏好。由此可见,生物保守主义者们并非是从一个全然公允的立场出发去考察生物医学技术对于人类的影响,他们自身的政治立场和个人偏好似乎已经预设了对于新兴技术与人类增强的某种负面态度。

　　福山敏锐地捕捉到,所谓的自然主义谬误似乎是无处不在的。尽管康德之后的义务论都尝试建立起与人性概念和人类生存目标不相关的伦理学说,也否认了关于人类生存目的的实体论的存在,但以人性作为思考出发点,以对于人类生活目的的特定理解作为潜在预设仍然普遍存在于这些理论体系当中④。回顾有关人类增强的讨论可以发现,实际上,人性概念并非只是生物保守主义者一方惯于使用的概念。尽管处在增强讨论另一端的生物自由主义者,以及更为激进的超人类主义者批评生物保守主义者的人性论证,但他们同样会在论辩中使用人性作为为人类增强进行辩护的依据。格雷戈里·斯托克(Gregory Stock)就声称,如果放弃使用更加强大的手段进行自我改变,就是对过去我

---

① 弗朗西斯·福山. 我们的后人类未来. 黄立志译. 桂林:广西师范大学出版社,2017:116.
② 弗朗西斯·福山. 我们的后人类未来. 黄立志译. 桂林:广西师范大学出版社,2017:117.
③ Roache R, Clarke S. Bioconservatism, bioliberalism, and the wisdom of reflecting on repugnance. Monash Bioethics Review, 2009, 28: 1-21.
④ 弗朗西斯·福山. 我们的后人类未来. 黄立志译. 桂林:广西师范大学出版社,2017:119-120.

们是谁的否定①。生物自由主义者从文化和自然两方面来使用人性概念。从文化的角度来看，使用增强技术是人之为人的体现，人类历史就是人类不断提升自我的历史，追求进步就是人类的本性；从自然的角度来看，增强技术有助于提升人的能力和特质，说明增强能够对人性的组成部分起到促进作用。生物学和医学的发展向我们逐步揭开了人类物种的奥秘，技术水平的进步为人类展现了进一步摆脱人类有限性的可能。在生物自由主义辩护的逻辑中，一切人类增强的尝试都只不过是以生物医学手段延续人类社会长久以来存在的信念和行为——不断对自我进行提升和完善。因此在能够预测和控制风险、保障安全性的情况下，人类增强本身无可厚非。然而，如果生物保守主义的论证中存在自然主义谬误的嫌疑，那么以人性作为支持人类增强的依据也会面临同样的质疑。由于概念自身的模糊性，何谓人性一直以来都处于争议当中，生物医学技术的发展也使得人性的内涵变得更为复杂。无论是支持还是反对人类增强，争论的双方在各自立场中都未能对人性概念给出一致的定义。生物自由主义与生物保守主义以关于人性的不同解释来处理人类增强的合理性问题，导致增强讨论陷入了僵局。问题的关键在于无论是反对还是赞同人类增强，过度依赖人性概念建立起来的道德论证都存在着一定的局限性。在缺少一个清晰的人性概念的前提下，围绕人性建立起的辩论框架限制了我们对于人类增强问题的讨论。与此同时，相关的科学技术始终处在发展之中，这提示我们当前有关人类增强的讨论应当从对于人性理解的争执中跳脱出来，从而转向一种更加面向现实和具体问题的讨论方式。正如尼克·博斯特罗姆（Nick Bostrom）和朱利安·瑟武列斯库所言，对于增强问题的关注重点应当从总体上的应该或不应该进行人类增强的思考推进到在特定的文化和社会语境中如何分析解决增强可能产生的具体问题②。

四、结　语

生物保守主义者的论证未能提供一种关于人性内涵的明确解释，同时也

---

① Stock G. Redesigning Humans: Choosing Our Genes, Changing Our Future. New York: Houghton Mifflin Harcourt, 2003: 170.

② Bostrom N, Savulescu J. Human Enhancement. Oxford: Oxford University Press, 2009: 19.

认为论证的合理性不需要依赖对人性的清晰界定。正是这种概念上的模糊不清给判断增强是否以及在何种程度上对人性造成影响带来了困难。对于人性特殊价值的推崇的背后是生物保守主义对所谓自然的智慧和人类进化现状的偏好，然而进化的方向并不像生物保守主义者所预设的那样有特定的指向。人类当下的状态只是进化的随机结果。此外，有关增强必然对人性、人的尊严和道德地位造成负面影响的暗示来自生物保守主义者的推断，但这一点需要经验性的证据作为支撑。综上所述，建立在人类生物学特性基础上的人性概念无法为生物保守主义反对人类增强的论证提供有力的依据。正如休斯所言，只有放弃对于人性的单一性和不可侵犯性的要求，才能更好地识别人类身上的哪些特质是我们想要保护以使其免受技术影响的，哪些特质又是我们希望通过增强技术的使用来进一步提升的。值得注意的是，由于概念的不清晰以及自然主义谬误的问题，人性也难以被直接用来论证支持人类增强的合理性。在相关的科学技术不断发展的背景下，有关人类增强的讨论应当将重点转向对于不同种类的增强技术在开发和应用过程中可能产生的具体问题。

Does the Preservation of Human Nature Serve as an Argument against Human Enhancement?
—An Examination of Bioconservatism's Counter-Enhancement Claim

Yan Xuefeng

(Fudan University)

Abstract: In order to preserve human nature, bioconservatism is fundamentally against human enhancement. This assertion can be interpreted in three ways: first, that human nature has an intrinsic value known as the sanctity of human nature, which is worthy of protection; and second, that human nature serves as the foundation for other significant values like human dignity, human rights, and moral status; and third, that human enhancement has an effect on human nature that may eventually jeopardize human societies' political institutions. However, there are issues with equating human nature with a collection of features resulting from genetics, and bioconservatism does not provide a satisfactory account of human nature. It is impossible to uphold the arguments against human enhancement that have been made on this basis. The philosophical underpinnings of human nature should be abandoned in favor of discussing the ethical concerns brought up by particular enhancement technologies in particular situations when it comes to human enhancement.

Keywords: bioconservatism, human enhancement, human nature, genetic engineering

重构安慰剂效应的伦理问题

杨吟竹

（剑桥大学）

摘　要：本文旨在提出一种对安慰剂效应的全新解释方式，并探讨这种方式能如何为与安慰剂相关的伦理问题提供启发。使用安慰剂能否在道德上被辩护？家长制主义者认为完全可以，因为安慰剂可以产生积极的效果，同时还能避免真实药物的副作用。康德主义者则认为不行，因为安慰剂治疗含有欺瞒的成分，不尊重患者的自主权。笔者认为存在超越家长制主义者和康德主义者这两种选项之外的替代方式：如果以合适的方式理解，安慰剂治疗并不具有欺瞒性质，因为它们确实引发了真实的效果。笔者提出了一种基于干预主义和背景条件不变性的对安慰剂的全新描述方式，并进一步论证，如果借助这种新的描述方式，我们能够为在临床治疗中使用安慰剂的做法辩护，而无须处理规范伦理学上的分歧。

关键词：安慰剂效应，痛觉，因果，干预主义

一、引　论

在临床实践中，若给患者服用状似真实药物却无实际疗效的糖丸，患者在不知情的情况下往往依旧能感到症状减轻、病情好转。这就是所谓"安慰剂效应"（placebo effect）的一个典型例子。安慰剂（placebo）的使用极为广泛：前科学时代的医疗史就是一部安慰剂的历史[1]，诸如猝死之人头骨上的苔藓这样

---

[1] Shapiro A K, Shapiro E. The Powerful Placebo: From Ancient Priest to Modern Physician. Baltimore: The Johns Hopkins University Press, 1997.

奇异的药物，以及吸血这样古怪的疗法，皆只因人们相信其作用，它们才能真的起效。如今，安慰剂除了在临床研究中作为测试某一疗法有效性的对照组之外，一项跨国研究表明，相当一部分医生（17%～80%）会在日常医疗实践中频繁使用安慰剂①。

（一）我们应该使用安慰剂吗？

安慰剂在治疗中如此广受欢迎的原因之一在于，它能在使患者病情好转的同时又能够免于真实药物那样的副作用②。不过，关于安慰剂是否应该在治疗中使用这一问题向来饱受争议，因为它涉及严肃的伦理争议。

一些人会回答"应该使用"。有大量证据表明，如果患者在接受治疗时怀有积极的预期，则能够使治疗效果最大化。如果向患者坦白其所接受的治疗"不过是安慰剂罢了"，那么就会大大降低安慰剂的疗效③。对那些认为减轻患者症状才是头等大事的人而言，医生向患者开安慰剂是理所应当的，即使这意味着在某种程度上欺骗了患者。笔者遵循斯特根加的称谓④，将这些安慰剂的支持者称为"安慰剂家长制主义者"（placebo paternalists）。

不过，也有相当一部分人站在相反立场，坚称"不应该使用"，因为开具并不含有真正有效成分的安慰剂药物，并向患者隐瞒这一事实无异于一种欺骗。在这些反对者看来，在事关患者本人健康的问题上剥夺其知情权可以说是严重侵犯了患者的自主权。正因此，在前文提及的调查研究中，英国有约82%的参与者认为，欺瞒性的安慰剂使用在伦理上是不可接受的⑤。美国医学会（American Medical Association）甚至有明确反对欺瞒性安慰剂使用的政策⑥。笔者将这些反对者称为"安慰剂康德主义者"（placebo kantians）。

---

① Howick J，Bishop F L，Heneghan C，et al. Placebo use in the United Kingdom：results from a national survey of primary care practitioners. PLoS ONE，2013，8（3）：e58247.
② 需要指出的是，也存在一种"反安慰剂效应"（nocebo effect），即患者对负面疗效的预期会使其症状加重。
③ Foddy B. A Duty to deceive：placebos in clinical practice. The American Journal of Bioethics，2009，9（12）：4-12.
④ Stegenga J. Care and Cure：An Introduction to Philosophy of Medicine. Chicago：The University of Chicago Press，2018.
⑤ Howick J，Bishop F L，Heneghan C，et al. Placebo use in the United Kingdom：results from a national survey of primary care practitioners. PLoS ONE，2013，8（3）：e58247.
⑥ Bostick N A，Sade R，Levine M A，et al. Placebo use in clinical practice：report of the American Medical Association Council on Ethical and Judicial Affairs. The Journal of Clinical Ethics，2008，19（1）：58-61.

如此看来，我们似乎陷入了两难之中：一方面，人们普遍认为患者的自主权应该受到尊重，因此开具安慰剂药物在道德上颇成问题；另一方面，安慰剂又确实能产生正面的疗效，因而在医疗实践中被广泛使用。不过，在笔者看来，这两条路并没有穷尽所有的可能性。在下一节，笔者将重构安慰剂康德主义者的论证，并指出一些可能的替代选项。

（二）安慰剂康德主义者 vs 安慰剂家长制主义者

为什么医生不该给患者使用安慰剂呢？安慰剂康德主义者们反对医疗中使用安慰剂的论证可被重构如下。

P1 不同于真正的药物，安慰剂药物并不含有真正的活性成分（active constituent），因此不过是"虚假的药物"。

或者，不同于真正的手术，安慰剂手术并不能在患者的体内产生真实有效的变化，因此不过是"虚假的手术"。

P2 医生并不会把 P1 中的这些实际情况告知患者，因此是在蓄意"诱导"患者相信她们获得了真正的治疗。

P3 P2 中的行为构成了某种形式的欺骗。

P4 欺骗患者会侵犯患者的自主权。

P5 侵犯患者的自主权在本质上是错误的，即使这在结果上可能减轻患者的症状。

P6 因此，对患者使用安慰剂在伦理上是错误的，应该被禁止。

安慰剂家长制主义者往往会攻击 P5。不过，这并不是反对安慰剂康德主义者的唯一路径。比如，皮尤[①]的策略就是攻击 P4，并试图论证某些形式的欺骗是能够与个体的自主权相容的，因此可以在道德上被辩护。而医生普遍持有的另一种观念则与 P3 相左。医生们往往会如此自我说服：揭示部分真相（比如声称"许多获得这种治疗的患者都感觉好多了"）并不构成欺骗。

上述为安慰剂辩护的策略实则都可被看作是某种形式的规范性论证，也就是说，这些论证策略都试图将安慰剂涉及的道德困境还原为一些更基本的

---

① Pugh J. Ravines and sugar pills: defending deceptive placebo use. The Journal of Medicine and Philosophy, 2015, 40（1）: 83-101.

规范伦理学问题。比如，有选择性地说出部分真相是否构成误导和欺骗？是否任何形式的欺骗都会侵犯我们的自主权？我们应该支持伦理学上的结果主义还是义务论理论？

不过，在本文中，笔者希望采取的是另一种论证形式，即绕开规范伦理学的领域，转而攻击 P1 和 P2 中的预设：安慰剂是真实有效的吗？而与此相关的更基本的问题是：安慰剂本身究竟是什么？在接下来的几节中，笔者将讨论这些问题，并尝试论证：至少一些安慰剂治疗就像所谓的"真实治疗"一样真实有效。采用这种论证方式的优势在于：一方面，它能澄清有关安慰剂的许多基本理论问题；另一方面，它能"兵不血刃"地为使用安慰剂治疗辩护，而不必因此被迫在规范伦理学理论上站队。

二、安慰剂与安慰剂效应是什么？

在本节中，笔者将探讨安慰剂与安慰剂效应这两个概念究竟意味着什么。首先，通过列举不同种类安慰剂治疗的例子，给出四种对安慰剂的主流定义。其次，对这四种定义进行逐一分析，并指出为何它们都有根本性的缺陷。

安慰剂治疗有诸种不同的方式：口服糖丸或其他仅有非活性成分的药片、注射盐溶液、模拟手术甚至医生的安慰性言语。另外，我们也能在各种不同的临床情境中观察到安慰剂效应，包括抑郁症等精神障碍、帕金森病等神经系统障碍、肠易激综合征等胃肠道障碍。

由于安慰剂效应有如此多种不同的形式与不同的临床应用，似乎必然有一些共同点能把这些不同的现象联系在一起，将它们置于一个共同的术语"安慰剂"之下。定义安慰剂的一种主流方式是基于安慰剂与非安慰剂之间的区别进行的，这种方式可以被归类为如下几种。

1. 真实与虚假

使用最多（同时也是引用最多）的安慰剂定义是经典的"虚假"和"惰性"定义，与非安慰剂的"真实"与"活性"相对照。根据这一定义，安慰剂效应是"医疗过程中与惰性药物、虚假过程相关，却能产生积极的生理或心理反应的治疗",或"药理学上惰性的物质产生的真实治疗效果"[①]。这一定义正是安慰剂普遍被指斥为"不真实"或者"非活性"的罪魁祸首。

同时,这个定义有个极为明显的缺陷:它显然是矛盾的。"能够产生真实疗效的惰性物质"就其定义本身而言就是自相矛盾的。正如寇什和肖特所言:"安慰剂(非活性的物质或治疗)这个东西真的存在吗?……如果安慰剂确实是惰性的物质,那么它们就不能产生效果。如果有效果产生,那么安慰剂就不是惰性的。"[②]

这种传统定义方式的另一个问题在于,它不能清晰有效地区分安慰剂和非安慰剂。比如,对患有糖尿病的人而言,在其他情况下会被认为是惰性药物的糖丸在这种情况下并不能被当作安慰剂[③]。而对于遭受脱水的人而言,即使是水这种在大多数情况下都被看成是惰性的液体在此也可算是积极的有效治疗。

2. 生理与心理

在上述自相矛盾的真实与虚假定义之外,《牛津英语词典》提供了另一种描述。按照《牛津英语词典》的描述,"与其说起到直接的生理效果,安慰剂的作用更在于'患者感觉自己受到治疗'这种心理上的效果"。根据这一描述,安慰剂效应是心理效应,而非安慰剂效应则是生理效应。

不过,这种刻画方式依旧难以区分安慰剂和非安慰剂效应。认为生理效应和心理效应能被清晰明确地二分是一种颇具误导性的假设。比如说,每天吃一粒阿司匹林既有生理作用——这与阿司匹林的化学成分有关,又有心理作用——这与你日复一日服用这种外观的药片多年有关[④]。在这个例子中,生理与心理两方面都影响了阿司匹林的有效性。因此,可以说大多数生理效应都伴随着心理效应。而另一个更显著的问题是,所有与心理障碍有关的药物,比如抗抑郁药,都必然伴随着一定程度的心理效应,因此它们仅就定义而言就会被

---

① Beecher H K. The powerful placebo. Journal of the American Medical Association,1955,159(17):1602.
② Koshi E B, Short C A. Placebo theory and its implications for research and clinical practice: a review of the recent literature. Pain Practice, 2007, 7(1):4-20.
③ Stegenga J. Care and Cure: An Introduction to Philosophy of Medicine. Chicago: The University of Chicago Press, 2018.
④ Bain D, Brady M, Corns J. Philosophy of Pain: Unpleasantness, Emotion, and Deviance. London: Routledge, 2018.

迫成为"安慰剂"[1]。

3. 合理与不合理

另一种划分安慰剂和非安慰剂效应的方式是基于它们的合理性或"合法性"（legitimacy）。根据这一方式，安慰剂效应指的是那些由不合理的医疗过程产生的治疗结果[2]，而非安慰剂效应则是由合理的医疗过程产生的效果。不过，这一定义有赖于我们关于使用安慰剂是否符合伦理的争论，因此在我们当前的讨论下有"乞题"之嫌。

4. 特定与非特定

最后一种定义将非安慰剂效应刻画为特定的效应，而将安慰剂效应刻画为非特定的效应，即"对待治疗的情形没有针对性的效应"[3]。这种定义的一个变体是说安慰剂"在治疗过程的关键性特征上对目标疾病并无效果"[4]。而根据霍威克（Howick）[5]的说法，这些非特定安慰剂效应的所谓"关键性特征"往往指的是对好转的预期。正如斯特根加所说，医学干预起效的机制有两套：活性药物机制以及整体预期机制。前者指的是特定的生物医学通路，药物在其中能作为配体与受体结合并调控它们的活动；而后者指的是不与特定的药理学机制相对应的通路。

对于安慰剂的这种定义似乎比上述几种更可行。不过，在接下来的几节中，笔者将通过疼痛与止痛安慰剂的例子来说明这种描述依旧存在问题。

三、以止痛安慰剂为例

在各种不同的安慰剂使用情况中，针对疼痛的安慰剂是最广受研究的一个

---

[1] Howick J. The relativity of "placebos": defending a modified version of Grünbaum's definition. Synthese, 2017, 194 (4): 1363-1396.

[2] Kaptchuk T J. Placebo studies and ritual theory: a comparative analysis of Navajo, acupuncture and biomedical healing. Philosophical Transactions of the Royal Society B: Biological Sciences, 2011, 366 (1572): 1849-1858.

[3] Shapiro A K, Morris L, Garfield S, et al. The placebo effect in medical and psychological therapies//Garfield S L, Bergin A E (eds). Handbook of Psychotherapy and Behavior Change. New York: John Wiley & Sons, 1978: 368-410.

[4] Grünbaum A. The placebo concept in medicine and psychiatry. Psychological Medicine, 1986, 16 (1): 19-38.

[5] Howick J. The relativity of "placebos": defending a modified version of Grünbaum's definition. Synthese, 2017, 194 (4): 1363-1396.

门类。无论是对于健康个体还是对于经受痛苦的患者，止痛安慰剂效应都有大量的研究。止痛安慰剂的研究之所以重要，原因之一可追溯至比彻（Beecher）的开创性研究[1]。在第二次世界大战期间，比彻观察到一个惊人的现象：重伤的美国士兵说自己体验到的痛感不强，有些甚至拒绝了减轻痛感的治疗。另一个重要的发现是，由于吗啡的短缺，当比彻给他们开具安慰剂时，大多士兵都感觉疼痛明显减轻了。这是对安慰剂最早的研究之一。

在本节中，笔者将首先给出对痛觉的科学解释，并阐述吗啡等常见的止痛药类型以及止痛安慰剂分别是如何工作的。止痛安慰剂的例子将促使我们重新思考对安慰剂的定义。

（一）我们是如何感受疼痛的？

痛觉是一种非常特殊的体验，许多研究者都认为它是主观的[2]。疼痛并不能等同为身体特定部位组织的物理损伤，因为当我们服用止痛片时就能在有组织损伤的情况下却不感到疼痛。反过来，也存在我们没有任何组织受到损伤却感到疼痛的情况。在幻肢痛的情况下，即使患者的整条手臂都被截肢了，患者依旧会感到曾经受伤的食指疼痛不已。即使把将信号从肢体传输到大脑的神经截断，疼痛也依旧不会消失。这些证据似乎表明，疼痛只存在于我们的大脑之中。

当前对疼痛的神经生物学最主流的解释之一是闸门控制学说（gate control theory）[3]。根据闸门控制学说（图1），在我们的脊髓处有两套系统共同工作：一套上行的疼痛处理系统和一套下行的疼痛抑制系统。

上行的疼痛处理系统始于皮肤上的伤害性感受器（nociceptor）或机械感受器（mechanoreceptor）。

在伤害性感受器被激活的情况下，伤害性感受器的传输神经会释放激活信号，而位于脊髓背角（dorsal horn）的神经元会"开门"。传输细胞的活动增加，痛感就会增强；在机械感受器被激活的情况下，机械感受器所连接的神经

---

[1] Beecher H K. The powerful placebo. Journal of the American Medical Association, 1955, 159 (17): 1602.
[2] 关于疼痛的本质的不同观点，可参见 Aydede M. Is feeling pain the perception of something? Journal of Philosophy, 2009, 106 (10): 531-567.
[3] Benedetti F. Placebo Effects. 2nd ed. Oxford: Oxford University Press, 2014.

会传输一些与痛觉无关的触觉信号（比如摩擦皮肤）。这种信号就是抑制性的信号，能够"关门"，从而导致疼痛的减轻。

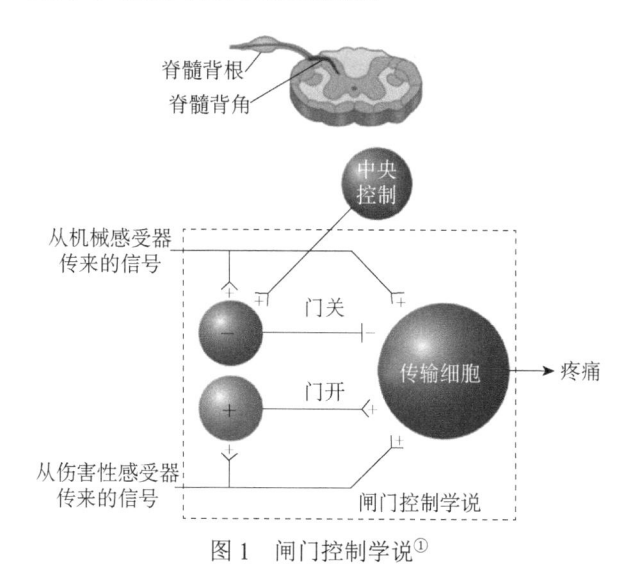

图 1　闸门控制学说①

另外，下行的疼痛抑制系统也与中枢控制有关。那些与认知功能（比如预期、注意力等）相关的神经会传输从皮层向下传来的信号。从大脑传来的信号也能"关门"，并在脊髓处减轻疼痛。

（二）真正的止痛剂 vs 止痛安慰剂

疼痛感知是如何受到中枢控制影响的？如图 2 所示，这些都可以通过神经递质来解释。

阿片类药物（opioids）是一种主要的止痛药，比如吗啡和氢可酮。这类药物的工作方式是通过与传输下行信号的神经元上的阿片受体结合。当阿片成分与阿片受体结合之时，痛觉神经递质的数量就会减少，从而能导致疼痛的减轻。

止痛安慰剂②的工作方式是通过释放内啡肽与阿片受体结合，下一步

---

① Melzack R，Wall P D. Pain mechanisms：a new theory：a gate control system modulates sensory input from the skin before it evokes pain perception and response. Science，1965，150（3699）：971-979.
② 在实验中，一组受试注射了盐酸吗啡缓释剂；而另一组中的受试则注射了安慰剂（葡萄糖溶剂），其大脑通过预期效应释放了内啡肽。Amanzio M，Benedetti F. Neuropharmacological dissection of placebo analgesia：expectation-activated opioid systems versus conditioning-activated specific subsystems. Journal of Neuroscience，1999，19（1）：484-494.

则是减少痛觉神经递质的数量,朝位于脊髓的门控中心向下传输"关门"的信号。

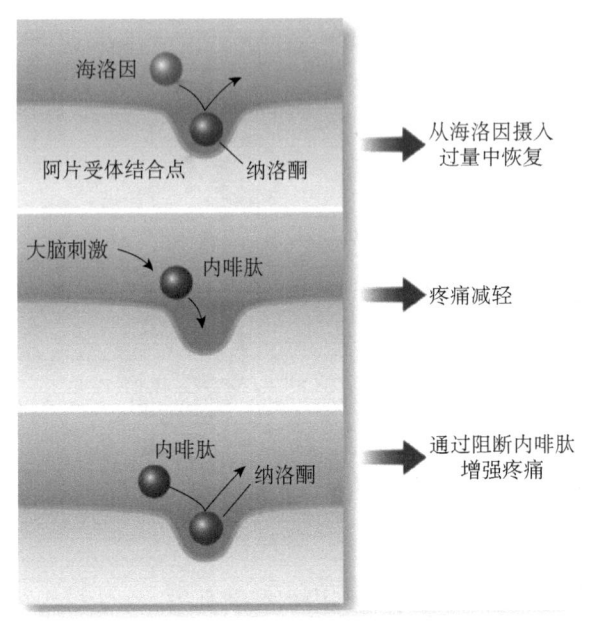

图 2 疼痛感知中的神经递质[1]

由此可见,止痛剂与止痛安慰剂的工作方式非常相近,二者也同样都能被阿片受体拮抗剂纳洛酮阻断——纳洛酮首先与阿片受体结合,从而阻止了阿片类药物(止痛药)和内源性阿片样肽(安慰剂)的正常通路。

(三)重审对安慰剂的定义

行文至此,是时候重新审视安慰剂与非安慰剂效应的区别了。在止痛安慰剂的例子中,患者的预期会通过中枢控制的下行通道,在脊髓"关门",从而减轻疼痛。从分子水平上看,预期的作用是通过释放内啡肽并使之与阿片受体结合来实现的。通过比较止痛药和止痛安慰剂,我们可以看出,止痛安慰剂的作用方式与止痛药几乎完全相同。在这种情况下,要说存在"药理学机制"和"一般期望机制"这两组截然不同的机制就十分牵强。这也使得区隔"特定与

---

[1] Benedetti F, Mayberg H S, Wager T D, et al. Neurobiological mechanisms of the placebo effect. The Journal of Neuroscience,2005,25(45):10390-10402.

非特定"毫无意义,因为这种对安慰剂的刻画方式并不能区分止痛药和止痛安慰剂。

现在看来,大多数定义安慰剂的传统尝试都是失败的,至少在止痛安慰剂的情况下如此。与非安慰剂治疗相比,安慰剂治疗似乎同样具有活性、能起到生理效果,也同样是一种有针对性的特定效应。作为安慰剂效应研究最广泛的领域之一,止痛安慰剂的例子有理由使我们质疑这样的预设:当医生给患者开具安慰剂时,她们是在通过提供虚假的治疗来欺骗患者。

这个例子同时也有另一个理论后果,即迫使我们重新审视安慰剂这个概念本身。它不过是一个统称,一个由一堆根本上迥异的现象零散组合成的概念,而这正是我们定义安慰剂的屡次尝试一直难以成功的根本原因。安慰剂效应并非单一现象,而是由多种不同的机制组成的,这些机制因情况而异。比如,有意识的期望有时可能通过奖励系统和多巴胺激活起效,有时则通过调节焦虑情绪来发挥作用。除了有意识的期望,无意识的条件反射也可能产生强烈的安慰剂效应,这种情况多见于胃肠道症状和免疫系统的安慰剂效应[1]。将这些不同的概念和过程不加区分,看作是"铁板一块"只会阻碍理论和实践的发展。不过,拆毁容易建设难。目前的问题是,我们依旧缺乏一个用以区分不同类型安慰剂效应的通用框架,并判断哪些安慰剂是"真实有效"的。在下一节中,笔者将尝试基于干预主义的因果理论建立一个这样的框架。

四、安慰剂效应的干预主义框架

(一)背景条件的不变性

要证明某种特定的治疗手段是真正有效的,其中一种方法是,证明这种治疗手段的干预确实能使得症状有所缓解。在此,我们的目标是,要将包括止痛安慰剂等在内的有效的治疗手段放在与阿片类止痛药同等有效的层面,同时也要排除那些无效的情况。为了满足这一需求,笔者将在下文中提出一种理论框架,这一框架使用"背景条件下的不变性"[2]作为过滤条件。

---

[1] Benedetti F. Placebo Effects. 2nd ed. Oxford: Oxford University Press, 2014.

[2] Woodward J. Causation with a Human Face: Normative Theory and Descriptive Psychology. New York: Oxford University Press, 2021.

"背景条件下的不变性"可以通过如下的例子来阐明：招娣是一位不懂数学的年轻姑娘。考虑这里的两个变量：招娣的性别（F），以及她是否懂数学（M）。假设有这样的情况：如果我们对 F 进行干预（即如果招娣生来是个男孩），那么她就更可能懂数学。那么，根据因果理论的干预主义框架，一个人生为女性会导致她不懂数学。不过，如果我们考虑另一个隐藏变量：假设这是一个存在严重性别不平等的村子，女性往往会被剥夺学习数学的机会（V），那么 F 和 M 之间的联系就不是在 V 的背景下保持稳定不变的。换言之，招娣身为女性和她不懂数学这两个变量之间的联系取决于严重性别不平等的社会现实。

由此可见，我们可以通过操纵背景条件来评估"F 导致 M"这一假设的稳定性：如果 F 导致 M，并且即使在其他背景因素存在的情况下，它们之间的因果关系也能保持不变，那"F 导致 M"的关系就是相对背景而不变的。根据这种描述，与其回答"F 是否导致了 M"这种二元的问题，更应该考虑背景不变性在一个光谱上变化并具有不同程度的可能。

（二）不变性之下的安慰剂效应

用类似的方法，我们现在可以使用不变性的工具来描述安慰剂效应。要确定安慰剂治疗（P）能否真正导致症状改善（S），我们可以不再二分地回答"是"或"否"，而是可以计算它的程度。

比如，在免疫系统和内分泌系统中，安慰剂效应通常是通过经典的巴甫洛夫条件反射（Pavlovian conditioning）实现的。通过反复将环孢素 A（cyclosporine A）与一种特定口味的饮料（草莓牛奶加薰衣草油）联系[1]，研究人员能够在健康男性志愿者身上诱导出条件性免疫抑制（conditioned immunosuppression）[2]。而后，单单使用这种口味的饮料就能够抑制免疫功能，这是通过减少白细胞介素-2（IL-2）和 γ 干扰素（IFN-γ）的信使 RNA（mRNA）表达来实现的[3]。

---

[1] 在该实验中，实验组会在一开始每隔 12 小时就同时服用环孢素 A 胶囊与一种绿色的、口味新奇的饮料（草莓牛奶加薰衣草油），而在 5 天后同时服用该饮料和外表与环孢素 A 胶囊完全相同的安慰剂胶囊；对照组则全程服用该饮料与安慰剂胶囊。
[2] 条件性免疫抑制指的是通过特定的手段削弱免疫系统的功能，它往往用于治疗免疫系统对器官移植的排异反应。
[3] Goebel M U, Trebst A E, Steiner J, et al. Behavioral conditioning of immunosuppression is possible in humans. The FASEB Journal, 2002, 16（14）：1869-1873.

在这个例子中,"P 导致 S"会受到标准的、"真实"治疗(T)的强烈影响,因为 P*(特定口味的饮料)和 S*(条件性免疫抑制)的联系正是通过 P*与 T*(环孢素 A)的重复性训练才建立起来的,P*与 S*之间如果没有 T*的干预,可能根本就不会发生任何联系。这个例子中不变性的程度是相对较低的。

不过,在我们最爱的止痛安慰剂的例子中,无论患者是否使用了止痛药,患者的期望都能够通过内啡肽的通路来缓解疼痛,几乎不受"真实"止痛药治疗的影响。在这种情况下,不变性的程度会显著提高,而止痛安慰剂的治疗在本质上更接近我们传统上熟悉的非安慰剂治疗标准。

如上所述,我们可以根据不变性的程度来描述和区分不同类型的安慰剂效应。不变性的程度与"安慰剂治疗和非安慰剂治疗之间的相似性"呈正相关关系。在有了这个框架之后,我们现在就有了合适的工具来重新审视安慰剂康德主义者对安慰剂的攻击。

(三)为安慰剂辩护

让我们回过头来看安慰剂康德主义者反对使用安慰剂治疗的论证中的两个前提。

P1 不同于真正的药物,安慰剂药物并不含有真正的活性成分,因此不过是"虚假的药物"。

或者,不同于真正的手术,安慰剂手术并不能在患者的体内产生真实有效的变化,因此不过是"虚假的手术"。

P2 医生并不会把 P1 中的这些实际情况告知患者,因此是在蓄意"诱导"患者相信她们获得了真正的治疗。

根据我们目前的理解,现在恰是对 P1 质疑的时候:安慰剂治疗实际上是有效的治疗手段,可以引发真实有效的变化,尽管这是一个异质性的过程,不同的安慰剂能够产生的治疗程度不同。

更重要的是,笔者提出的这个框架能改变 P2 中的医疗实践。至少在某些领域,比如止痛安慰剂的领域中,患者并没有被医生欺骗、诱哄着相信自己接受了真正的治疗,因为安慰剂本身就是真正的治疗手段,根本谈不上欺骗。对安慰剂的重新界定和细分有助于去除"安慰剂"一词背负的污名化枷锁[①]。本文通过提出一种更合理的解释方式，旨在纠正人们对安慰剂的误解，并鼓励患者更加有信心地接受这种治疗方法。如果能实现这一点，那么或许在未来，医生就不必对患者隐瞒她们正在开具的药物是安慰剂。而患者在知道自己正在使用安慰剂时，治疗甚至可能反而因为安慰剂效应而更有效果。

五、结　语

在上文中，笔者提出了一种安慰剂效应的干预主义框架。在关于"医生开具有欺瞒性质的安慰剂在道德上是否错误"的问题上，家长制主义者和康德主义者各有其回答方式。笔者提出了一种超越家长制主义者和康德主义者之争的替代方案，并主张使用安慰剂本质上并不是欺瞒性质的。这一立场与关乎安慰剂的本质及其作用方式的问题密切相关。定义安慰剂的尝试主要基于真实与虚假、生理与心理、合理与不合理、特定与非特定的区分，但这四个标准都无法清晰地为安慰剂效应和非安慰剂效应划界。一个可能的问题在于，或许并不存在单一的安慰剂效应，这不过是共存于同一个标签之下的、各种异质性的机制。笔者通过止痛安慰剂的例子，探究了安慰剂是如何真正起效的，并主张至少在止痛安慰剂的案例中，这一过程与真正的止痛药一样"有活性""真实"。最后，笔者提出了一种基于干预主义和背景条件不变性的对安慰剂的全新刻画方式。这种新的描述方式能有效地为安慰剂效应和非安慰剂效应定位，并能够解释为何安慰剂可以引发真实的疗效。笔者进一步采用这种新的刻画方式来为在临床治疗中使用安慰剂辩护。根据这种对安慰剂的描述，我们对安慰剂治疗的使用可以更为合理，也更为透明。由此，在无须解决规范伦理学分歧的情况下，安慰剂就可以在道德上得到辩护。

[①] 一种可能的质疑是，即使承认了安慰剂果真能够提供有效的治疗，但如果这种治疗并非以患者预期中的方式进行，那么这或许也构成了一种虚假的蓄意诱导，如此一来又无法避免规范伦理学的争论。不过，根据本文的结论，至少在止痛安慰剂的案例中，安慰剂的作用方式与非安慰剂并无本质区别，因此在理论上能够光明正大地与传统的非安慰剂药物治疗平起平坐。而本文的目的之一，也正是对安慰剂的"去污名化"，使得医生和患者能够在适当的情况下将安慰剂本身视为有效的、"真正"的、符合患者心理预期的治疗手段中的一种，而无须通过"隐瞒"的方式进行。这种方法在实践上能否生效，尚待进一步实验，但本文指出了这一理论的可能性。

Reconstructing the Ethical Issues of the Placebo Effect

Yang Yinzhu

(University of Cambridge)

Abstract: In this paper, I aim to provide a nuanced account of placebo effects and investigate how this could shed light on potential ethical problems. I begin by asking whether it is morally justified to use placebos. Paternalists say yes, as placebos can elicit positive outcomes without the side effects of real medicines. Kantians say no, as placebo treatment means deception and does not respect the autonomy of patients. I argue that there is an alternative way other than the above options. In particular, I suggest that placebo treatments are not deceptive if understood in an appropriate way, as they do elicit real effects. I propose a novel characterization of placebo effects based on the idea of intervention and the invariance of background conditions. My next step is to show that, with the new characterization at hand, we can defend the use of placebos in clinical treatments without having to deal with disagreements in normative ethics.

Keywords: placebo effect, pain perception, theory of causation, interventionalist

"生物的风险"

——生命伦理学的挑战

克里斯托夫·胡比希
（达姆施塔特工业大学）
朱雯熙 译

摘　要：生命伦理学的出现和发展使"生物的风险"成为风险评估与研究的核心要素，这给传统风险理论的应用带来了全新挑战。本文以经典风险评估模型为切入点，对其在生物技术领域应用的局限性进行了分析，并在此基础上探讨了"风险""不确定性""危险"等现有基本概念在生物技术与生命伦理学研究领域的不适用性，进而提出了基于"明智伦理"的应对生物不确定性的策略，即在保证生物系统（生物体、生态圈、生物圈等）的功能机制的同时，从"适应能力""应对能力""参与能力"三个方面提升应对风险和不确定性的"复原能力"。

关键词：生命伦理学，生物的风险，不确定性，明智伦理

一、问题的提出

在风险理论和风险计算领域，我们已经建立了良好的基础，拥有一些可供参照的、较为完善的范例。然而，这些基础和范例往往在生物领域，或由于生物技术的使用遇到了瓶颈。

让我们简要回顾一下经典风险理论的关键要素：风险的经典模型是发生概率/事件发生率与危害程度的乘积。相应地，机会则是发生概率/事件发生率与受益程度的乘积。风险评估包含了两方面的前提。第一个前提是定义域的

"同质性"。也就是说，对于评估中涉及的诸多事件，它们的发生应是彼此独立的，发生的概率应是均等的。如果将事件间的完全独立和发生的概率完全均等作为标准，那么相对于标准势必会有一些偏差，通过正态分布我们可以得到一个平均值。在计算事件发生率时，或通过归纳法对产生危害的可能性进行估算；或采用"树状图"，即预设可能产生风险的功能要素，并从这些要素出发进行演绎推理，以此对产生危害的可能性进行估算。上述两种方法都可以被称为"技术型"方法。它们都遵循技术系统的功能机制，这些机制往往是在实验室条件下测定出来的。在此基础上要进行"风险比较"，这也是风险评估的第二个前提。在此过程中，风险的发展情况将被考虑进去。这种方法的目的是最大限度地确定机会与风险之间的关系。

上述传统的风险评估方法在生物技术领域则会出现问题。它们往往有所局限而无法应用。原因在于：在生物技术领域，危害发生的数量与危害的程度之间有着固有的联系。首先，针对已有损害的再生率而言，在相同的再生率前提下（如在某种生物体或群落环境中），诸多微小的损害要比单个较大的损害恢复起来快得多。上述损害无法再彼此抵消（而得到所谓的平均值）。在此情况下，对损害的发展过程进行分析要比对风险发展的总过程进行分析重要得多。此外，我们还会发现损害之间（相同种类或不同种类）的相互作用会形成累积效应，从而使带有某种新属性的危害性后果加速出现。在气候变化中，我们所看到的情况正是如此；与此同时，我们在使用某种策略时，本意是要进一步对作物的基因进行优化，但反过来却可能破坏了生态圈的某种自我调节机制。因此，传统的风险评估中定量的风险比较（在生物技术领域）也不再适用。

其问题主要在于：由于某种损害的出现，风险评估的整个定义域将发生改变。风险管理的可能性同样会受到以下几方面的影响：①某种损害的出现有可能使相应的生物系统超过可承受的范围（临界点）而崩溃；②某种技术手段可能会导致生态系统内部核心功能的丧失，只能通过更为复杂的技术手段加以控制和管理（地球工程或许可以作为一个极端的案例）；③最终，生命很可能可以完全通过技术方式诱发形成，或者说，技术可以以一种新的方式合成生命——"生物体"。可见，在生物技术领域"定义域"会被无限扩展，而这远远超出了我们关于风险评估的现有经验。

但是，我们不必一开始就对上述现象持否定态度，因为肯定存在可作为补充的方法来应对这些新出现的问题。然而，重要的是要认识到传统的风险评估方法在上述新的领域已经不起作用了。

如果一定要说与现有标准的偏差发挥了某种重要作用，那么只能说它对目前用于平均值的统计方法有所影响。例如，在医疗保险、治疗的启发性评估及生物政治战略等方面，我们皆需要评估生物技术的使用对人类社会造成的影响。在上述评估中，平均值的统计方法仍然是重要且合理的。然而，这些领域面临的挑战是：如何将不同于现有标准的所有偏差都囊括在内。在这方面，相关研究已经取得了一定的进展，并且正在诸多领域显现出来：无论在保险公司的程序中，还是在个性化医疗的发展中，对系统行为的模拟都起着核心作用，并正在取代传统的、以统计为导向的评估方法。

二、对现有基本概念的挑战："风险"、"不确定性"与"危险"

弗兰克·奈特（Frank Knight）曾于1921年提出要对"风险"与"不确定性"加以区分。他指出，两者都超越了假定的确定性，但内涵截然不同。[①]按照奈特的观点，"风险"是一种概率模型。尽管"不确定性"也包含了某种可能性，但由于意外事件的独特性，我们无法计算其发生的概率，因此"不确定性"是无法计算的。（除此之外，我们还必须考虑根本不确定性/"无知"，即缺乏对现存风险或不确定性的相关知识或对上述相关知识的深入了解。）

在日常交往中，我们往往以另一种不同的方式表达"风险"或"不确定性"，即"危险"：①它与"风险"有关，在DIN/ISO 3104标准中，"危险"被定义为"过大的风险"，即程度超出了可接受的极限。[②]因此，"危险"是一种不可接受但可计算的风险。也就是说，如果某种风险是我们可以接受的（如交通或医疗干预的后果），我们便往往不称其为危险。②与此不同，若表示可能的损害仅仅是概率上的存在，即仅仅是一种合理的假设或客观上不能被完全排除的可能性，但却无法被计算或似乎在客观上无法估算时，在法律术语中常常使

---

① Knight F H. Risk, Uncertainty and Profit. Lowa City: Houghton Mifflin Company, 1921.
② DIN EN ISO 3104. Petroleum products - Transparent and opaque liquids - Determination of kinematic viscosity and calculation of dynamic viscosity（ISO 3104: 2020）. STANDARD by DIN-adopted European-adopted ISO Standard.

用"危险"一词。这里强调的是一种潜在的风险。依据这一点，预防义务［如德国联邦宪法法院（BVG）的预防义务］常如此表述：预防义务旨在尽可能避免出现危险情况，以便我们的决定能够聚焦于处理风险方面。③在尼克拉斯·卢曼提出的系统理论中，"危险"一词与决策者主体有关：我们尽力将危险转化为风险，从而使其易于被掌控（"应急管理"）。风险的有无则常常取决于我们是否决定参与到具有风险的行为或事件之中去。这意味着，只有对于那些决定承担风险的主体而言，可能的损害才会成为风险。对于那些没有参与决策过程的人，或那些没有任何理由承担风险的人来说，他们仍然会由于其他人的决策而遭受可能的损害。这些可能的损害或存在某些危险，或形成新的危险。①

在笔者看来，如何处理"危险"是生物技术和生物伦理学领域的中心问题。

在探讨这个问题之前，笔者想就"不确定性"给出两点重要提示。一方面，要区分关于命题的不确定性（即真实性的分配）和命题中的不确定性（即命题中的各要素是不可量化的）。在关于命题的不确定性上，我们可以发现不确定性与损害事件的发生情况有所关联，事件的模糊程度（地点、时间）越高，不确定性的因素就越低；模糊程度与不确定性成反比。同时，关于损害的质量存在不确定性，它的来源主要是在构建模型的过程中是否考虑到所有的相关参数。这里的不确定性针对的是普遍性，而非特定的个体。另一方面，如果可能的分布没有完全被列入统计之中，或仅仅在理论上不可排除的损害最多只能以可能性而不是概率的方式表达出来，都可能导致命题中的不确定性。

我们应如何应对上述不确定性？实践表明，到目前为止，关于生物风险问题的讨论并未触及实质性的问题。

三、应对生物的不确定性

我们很难清晰地构建出生物风险的模型，这实际上也表明了结果主义伦理学的局限性。"或然说"旨在找到最佳的解决方案，因此需要计算不同解决方案的可能性，它将不得不面对关于命题的不确定性。汉斯·约纳斯认为要进

---

① Luhmann N. Systemtheorie der Gesellschaft. Berlin, Germany: Suhrkamp, 2017.

行最恶劣的预测("恐惧的启迪")[①],并强调避免这种能够想到的、最大程度的损害。尽管考虑到不确定性,但问题仍然没有解决——搁置虽然避免了风险,但同时也会产生新的风险。(或者说,避免损害所实现的"安全性"并不等于完全摆脱了"危险",而仅仅是避免了那些不可被接受的"风险"。)在对"基因组遗传干预的可接受性"问题的讨论中,上述情况体现得更为明显。如果我们完全排斥对基因组的遗传干预,将其视为一种禁忌避而不谈,那么我们也就无法从基因的角度去探讨、攻克其他遗传疾病。因此,在这一问题上渐渐出现了另一种图景,即首先要保证生物系统(生物体、生态圈、生物圈等)的功能机制,随后允许以"明智伦理的考量"方式进行扩展,即提升应对风险和不确定性的"复原能力"。

为了应对压力和危险的不确定性问题,"复原能力"由以下三种能力组成。

(1)适应能力。面对环境选择的压力时,我们会在免疫系统或有机体的前适应性状中看到这种适应能力。这种能力是指针对环境的刺激做出的非特异性的、随机反应的能力。可以说,在某种程度上适应能力是一种"储备",即随时准备着针对不同的可能性做出反应。这种反应不是外界强加的,而是以一种预见性的方式,针对未来挑战做出反应的可能性。挑战的不可预见性似乎已经建立在系统的预定结构中。系统可以通过内部的重构、选择即时且不太复杂的解决方案,以及在尽可能保持行动范围的广泛性基础上通过可变性和差异化等方式,实现灵活的操作。在此过程中,系统不再以实际价值为导向、以效率和效用为判断标准,而是以"选择价值"为导向,强调我们的行为应符合"多种选择的可能性",即根据不可预见的要求采取行动的可能性。因此,行动方案保持开放,无论其从现实看来是否有用。这样的系统也与环境建立了紧密的联系,即对于某种环境因素而言,即使在当前形势下无法预见其价值,仍然可以得到保持和维持。对于人类-生物系统中的行为来说,保留生物多样性似乎是一种相对重要的选择价值。但对于旨在实现总体上的、长期的好生活的"明智伦理"而言,保留选择价值则是尤为重要的。这一点我们不再赘述。

(2)应对能力。应对能力是指既要对重要的传统予以保留,又要根据世界的不断发展对系统的"固有结构"进行适当调整的能力。但这并不是说对遗留

---

① Jonas H. The Imperative of Responsibility: In Search of an Ethics for the Technological Age. Chicago: University of Chicago Press,1984.

下来的东西原封不动地保持或对传统无条件地保存而完全摒弃有效的即时策略或新型策略。只有这样我们才能更好地将某些传统和有用的经验保留下来。人工化的产品、技术的确可以减轻人的负担。但如果以此为目的，使人工化不断渗入我们的内在本质和外部自然之中（按照享乐主义和经济主义的价值观），则势必会陷入一种危险的境地。也就是说，我们的内在本质和外部天性由于缺乏充分的培养和训练，导致了基本能力的丧失。（现实中，这样的例子不胜枚举。普遍地使用导航系统使我们辨别方向的能力逐步退化，这将进而影响我们的身体素质，或者说会使我们文字转化图像的分析能力丧失，这是对人类文化的一种损害。）应对能力强调保留"遗产价值"，这对于形成和保留我们作为决策者的主体地位是必不可少的，这里所说的"决策者"要对行为负责。

（3）参与能力。它强调的是共同从错误中吸取经验的可能性。诸多不同的生态环境信息和预警系统都显示出（例如，在人类身体的信息传递过程中，森林的积极互动作用正在越来越多地成为自然科学研究的对象），如果没有参与适当的信息交互过程，单个生物体无法进行适当的反应。因此，尽量广泛地设计渠道以保留上述信息交互系统是能够实现复原的本质要素。某些技术限制了信息交互的渠道，从而危及信息交互的基础，即便如此，从结果来看，信息传递仍旧可以成功实现，因此其危害往往不能从短期效应体现出来。众多现代技术经济体系中所缺少的正是可以从中吸取经验的"有误的文化"。例如，在生物工程中的某些创新并不是自上而下的，而是在技术上分散的。（这实际上也是源于缺少可以从中吸取经验的"有误的文化"。）在技术创新的发展中，只有与利益相关者不断对话、在创新中进行持续监测、保留合适的创新成果，才能不断使相关知识获得补充，从而更好地实现创新。"从错误中吸取经验"并不仅仅是一个"接受"的问题。因为对于"接受"而言，奖赏和好处往往应该受到欢迎，而负担与累赘则往往被排斥。相反，这个问题是关于"可接受性的"，但不要将其视为一种"完全合理的"接受。这是因为：谈及合理性，我们会马上联想到价值多元论或伦理多元论。上文提到的"可接受性"则与此完全不同。它应该被理解为一种"接受能力"，即一种不受第三方限制，自主地接受或拒绝接受的能力。例如，若德国伦理委员会禁止进行基因诊断，从而不允许患有遗传性疾病的父母通过对其下一代进行基因诊断来确定未来的家庭计划。这样的做法就是不可接受的。作为具有生物力量的工具，基因诊断有时会被用于某些政治（卫生政策）或经济（就业、保险）目的。如果这种做法在法律上获得认可，这同样是不可接受的。

不同于"或然说"和结果主义倾向，明智伦理对待生命伦理学问题有着另一种态度。它构建的是一种基于不确定性的"复原模式"，即我们应该如何应对可能的错误——我们应该如何将风险管理转化为针对不确定性的管理。对此，我们有必要对以下两方面所需的成本进行比较：一是在某种可能的损害未出现时，对接受这种可能的错误出现所造成的道德、社会和经济成本进行评估（消极假设策略）；二是在某种可能的损害已经出现时，对排除这种错误所需的道德、社会和经济成本进行评估（积极假设策略）。从明智伦理的角度来说，一般认为赞成积极假设策略更具合理性。对于一些手段而言，尽管它们包含了一些无法排除的损害，但它们通常也具有重要的选择价值：人们制定替代方案、采取预防措施、提高技术的效能以减少资源的消耗，以及尽可能保持技术和文化的多样性，从而将生物多样性的诸多有利在未来可能保留下来[1]。简言之：人们在尽可能地避免危机和压力[2]。在这一点上，如果生物技术手段总是试图在某个限定的领域内实现单边式的发展，如在人类增强或单一作物优化上，那么这就是很有问题的。

同时，支持积极假设策略的人强调要保证生命权、人权以及公民权的首要地位。他们认为，技术的确可以在一定程度上缓解危机和减轻压力，但我们应该努力将技术——这里主要说生物技术——的形成与发展控制在一定的范围之内。这样才能使技术相关者在适当的环境中更好地构建自己的生活、承担各自的责任。德国工程师协会（VDI）和欧洲工程师协会（FEANI）的伦理守则中也吸收了该观点，并进行了细致的说明。

Risks in Biology—Challenges in Bioethics

Christoph Hubig

（Darmstadt University of Technology）

Abstract：The emergence and development of bioethics has made

---

[1] Hottois G. Philosophies des sciences, Philosophies des techniques. Paris: Odile Jacob, 2004.
[2] VDI. Ethische Grundsätze des Ingenieurberufs. https://www.vdi.de/themen/ethische-grundsaetze[2023-11-11].

"biological risk" a central element of risk assessment and research, which has brought new challenges to the application of traditional risk theory. This article takes the classical risk assessment model as an entry point, analyzes the limitations of its application in the field of biotechnology, and based on this paper, discusses the application of basic concepts "risk", "uncertainty" and "danger", in the field of biotechnology and bioethics. As a result, a strategy for coping with biological uncertainty based on "wise ethics" is proposed, which means to ensure the functional mechanisms of biological systems (organisms, ecosystems, biospheres) while improving "resilience" to risk and uncertainty in terms of "adaptive capacity" "coping capacity" and "participatory capacity".

Keywords: bioethics, biological risk, uncertainty, prudent ethics

后疫情时代关于食用野生动物问题的再思考

张运洁

（复旦大学）

摘　要：席卷全球的新冠疫情再次将人们的视野聚焦到食用野生动物这一话题上。从克莱尔·帕尔默定义的"野生动物"开始，借用加里·瓦尔纳的文章将狩猎分为三种类型（治疗型狩猎、生存型狩猎、运动型狩猎），重点将食用野生动物分解为"狩猎野生动物"和"食用野生动物"这两大议题。本文通过强调"食物来源"对食用食物的道德合理性至关重要，重点论证了在环境伦理视域下狩猎野生动物的大多数情况符合道德规则；但是，当关注到个别案例中狩猎者和野味食用者的动机和目的时，维持生态平衡和稳定的环境伦理借口也不应该成为其猎杀和食用的伦理原因。

关键词：食用野生动物，狩猎，环境伦理，生态平衡原则

在 2003 年的严重急性呼吸综合征（SARS）发生后，"让野生动物远离餐桌"一度成为全民关心的话题。2019 年 12 月，席卷全球的新冠疫情再次将人们的视野聚焦到食用野生动物问题上来。2020 年 2 月 24 日，十三届全国人大常委会第十六次会议审议通过了《全国人民代表大会常务委员会关于全面禁止非法野生动物交易、革除滥食野生动物陋习、切实保障人民群众生命健康安全的决定》。这一决定的发布，为打击非法交易和禁止食用野生动物等行为提供了有力的法律依据。然而，广东省林业厅对 1000 名食用野生动物的市民的调查报告中显示，市民们食用野生动物以滋补治病、展示自己的经济实力以及

满足好奇心这三大原因为主。①在伦理学中,应该如何看待食用野生动物这个议题?或者说,食用野生动物的行为到底是不是道德的?甚至食用野生动物是否真的需要受到伦理检视?这些都是值得讨论的问题。在本文中,笔者希望通过将食用野生动物这项行为拆解为"狩猎野生动物"和"食用野生动物"两个行为来进行分析和解答。

本文从克莱尔·帕尔默(Clare Palmer)定义的"野生动物"开始,借用加里·瓦尔纳(Gary Varner)的文章将狩猎分为三种类型(治疗型狩猎、生存型狩猎、运动型狩猎),再以此来分析食用野生动物的合理性。本文旨在论述虽然食用野生动物并不完全违反环境伦理学所倡导的生态平衡原则,但是食用的原因仍然需要进行更深层次的伦理探究和规范这一基本观点。

一、野生动物的定义是什么?

伦理学家帕尔默认为"野生动物"一词可以有很多种不同的含义。第一,"野生动物"可以指"没有被驯服的动物",即一个行为术语;第二,也可以指"生活在相对未开垦的地方的动物",即一个地点术语;第三,还可以指"未被驯化的动物",其中,这里的"驯化"属于一个物种或亚种,其繁殖是经过世代有选择地、有意地控制的。②

从第一种含义去理解,如果有人驯养了一只野生动物,这只野生动物能和人和谐地相处且不会攻击人类,那么我们可能会认为这只动物不再是野生动物(因为已经被驯服)。根据第二种含义,我们也可以理解野生动物是一种生活在相对于没有人类耕种的地方的动物。从这种含义理解,野生动物是一个由生活的地理位置而命名的名词。依据相似的定义,我们称土耳其狗为土耳其狗,因为这种类型的狗生活以及发源于土耳其;同理,我们称野生动物为野生动物,因为野生动物生活在野外。最后,在第三种含义中,帕尔默认为我们还可以将野生动物理解为非家养的(non-domesticated)动物。在这种含义中,"家养的"意味着这样的动物属于特别的一个物种或者亚物种,其已经被驯化了好

---

① 中国科学院. 什么人在吃野生保护动物. https://www.cas.cn/zt/kjzt/yw/ex/200306/t20030605_1711381.shtml [2003-06-05].

② Palmer C. What(if anything)do we owe to wild animals? Between the Species,2013,16(1):19.

几代，基因等都与未被驯化之前有所不同，而且通常人类对于这种家养物种的喂养是可选择的，即也会特意地控制其世代的繁殖。较常见的家养动物是我们所熟悉的，如猫、狗、绵羊、山羊、牛、驴、鸭、鸡等。它们被人类驯养为宠物、耕作的工具或者食物的来源等等。当然，与此类家养动物无关的，就可以算作我们的野生动物了。

以上三种关于野生动物的定义都有支持者和反对者，双方也没有对野生动物进行完全统一的定义。比如，有的野生动物（生活在南极的帝企鹅）可能包含全部的三种含义，也有的野生动物可能只符合其中的一种含义（在野外捡到的狸花猫、在动物园出生的长臂猿等等）。但是，帕尔默最终认为我们其实可以避免进行复杂的无意义的定义辨析，只需要简单地用第三种方式来定义野生动物，其实就已经足够我们做哲学讨论了。[1]所以，在本文的讨论中，笔者所说的野生动物都是泛指非家养的动物。

二、狩猎的三种类型

瓦尔纳将狩猎分为三种类型，用他的语言可以概述为治疗型狩猎（therapeutic hunting）、生存型狩猎（subsistence hunting）和运动型狩猎（sport hunting）。[2]用瓦尔纳的话来表达就是，治疗型狩猎是指确保目标物种世世代代的总体福利、生态系统的健康或完整性，或两者兼而有之的一种狩猎。生存型狩猎是指为获取食物或其他必需品而进行的狩猎。运动型狩猎则包括旨在维护宗教或文化传统、重现民族或进化历史、练习运动技能、比拼动物生存技能或仅仅为了获取战利品而进行的狩猎。[3]

1. 治疗型狩猎

瓦尔纳认为治疗型狩猎可以理解为是一种以整个生态和环境的健康和完善为出发点来进行的狩猎行为。笔者认为瓦尔纳所谓的"治疗"，可以理解为一种对环境和生态的补救和救助。这是一种从维持环境秩序的角度出发的管

---

[1] Palmer C. What (if anything) do we owe to wild animals? Between the Species, 2013, 16 (1): 15-38.
[2] Varner G. Environmental ethics, hunting, and the place of animals//Beauchamp T L, Frey R G (eds). The Oxford Handbook of Animal Ethics. New York: Oxford University Press, 2012: 855-876.
[3] Varner G. Environmental ethics, hunting, and the place of animals//Beauchamp T L, Frey R G (eds). The Oxford Handbook of Animal Ethics. New York: Oxford University Press, 2012: 862.

理行为，因为有的物种数量的增加会直接或间接地影响其他不同物种的生长和发展，以至于打破和损害了一个区域或者生态空间的和谐环境。①所以，通常从环境伦理学的角度来看，这种狩猎行为在道德上是合理的。

在瓦尔纳将生态管理中的狩猎行为命名为治疗型狩猎之前，J. 贝尔德·考利科特（J. Baird Callicott）在 1980 年的一篇文章中提出了一个著名的观点，即环保主义者不能采用动物权利或者动物福利伦理的观点，因为对单个/个体动物的保护与环境伦理学所追求的集体的和谐往往无法兼容。②

回顾一下，为什么从动物伦理的角度出发，对野生动物的追捕或者猎杀是绝对不被允许的呢？关于为什么不应该伤害野生动物的伦理讨论其实不多。但是关于为什么不能伤害动物（包括以动物为食物）的伦理讨论似乎已经达成了广泛的共识。接下来笔者将进行一个简单的三段论来论述证明。基于动物伦理学的共识，动物伦理学家们已经成功地论述了伤害动物在伦理上是错误的。

论述如下：

前提 1：伤害动物在伦理上是错误的。
前提 2：野生动物属于动物的一种。
结论：所以，伤害野生动物在伦理上也是错误的。

不能伤害动物的伦理学两大论述，主要基于彼得·辛格（Peter Singer）的结果主义（Concequentinism）以及汤姆·里根（Tom Regan）的道德权利理论（Moral Rights View）。辛格从结果主义的角度出发，认为动物有感知能力，和人一样能感知痛苦和快乐，甚至有自己的喜好和欲望。所以动物的愉悦（pleasure）应该被考虑在内，而结果主义的一大定律就是从结果意义上，我们应该追求最大限度的愉悦，这个愉悦从结果上来说应该是所有愉悦的总和。如果我们将动物的愉悦也纳入我们的考虑范围，那么增加动物的愉悦，确保他们不被残忍地剥皮，不被囚禁在狭窄的笼子里，不被痛苦地杀害以作为人类的食物，以及避免它们没有理由地被人类玩乐似乎是增加结果上总的愉悦的最好的方式。③另外，里根作为动物伦理学的另一个理论支柱代表，也提出了

---

① 资料来源于 Britannica（学术词汇性网站），由作者亚当·奥古斯丁（Adam Augustyn）在"Food Chain"中进行的编写，https://www.britannica.com/science/food-chain.
② Callicott J B. Animal liberation: a triangular affair. Environmental Ethics，1980，2：311-328.
③ Singer P. Practical Ethics. Cambridge: Cambridge University Press，1980.

相应的伦理理论，那就是他认为每一种动物都和人一样有一定的内在价值（inherent value），而这个平等的内在价值决定了人们应该平等地考虑（consider）动物的一系列基本权利，就像考虑人自身的基本权利一样。当然这里所说的考虑动物的基本权利并不是说我们应该对待动物和人一模一样，因为这并不可能。我们不可能赋予动物投票权或者选举权，所以这里所谓的考虑动物的权利并不是对待（treat）动物的权利而主要是指考虑动物的基本生存权利以及基本喜好权利。[1]基于这两大理论的论述，动物不被伤害的正当性有强而有力的伦理支持。总而言之，不论是野生动物、宠物还是农场动物，无论我们在何处发现动物正在遭受痛苦，我们要做的都应该是缓解这样的痛苦或者防止这种痛苦的发生。而且这些动物无论是野生的还是驯养的，都享有相同的不被伤害的权利。所以，笔者认为通过基于辛格和里根的理论，可以得出野生动物也是不应该被人类随意伤害和抓捕的结论。

以上为动物福利和动物权利者们对野生动物的看法，以此可以推导出动物伦理理论应该是建议禁止狩猎行为的，因为狩猎给猎物（动物们）带来了痛苦和伤害。那么，考利科特认为的环境保护主义立场和动物权利或者动物福利伦理的观点无法兼容的原因是什么？在论文《动物解放：一种三角关系》（"Animal liberation: a triangular affair"）中，考利科特提到从土地伦理的角度出发，在承认动物的权利的同时也承认了植物、土壤和水的权利，甚至还借用了奥尔多·利奥波德（Aldo Leopold）在《沙乡年鉴》（*A Sand County Almanac*）中的描述，"山毛榉和栗子与狼和鹿一样拥有'生物生命权'"[2]。正是因为土地伦理在乎的不仅仅只是动物，还有生物圈中的各个不同物种，所以从土地伦理的角度可能并不会先兼顾动物的权利。考利科特认为，利奥波德提出的伦理法则其实已经很清楚地指示了应该进行的伦理行为，也就是说，当我们履行"当一件事倾向于维护生物群落的完整性、稳定性和美丽时，它就是正确的。当它不倾向于这样做时，它就是错误的"[3]时，我们就是在做伦理上正确的事情。从土地伦理的观点来看，只有生物群落的利益才是道德价值、行为正确或错误的最终衡量标准。因此，就像考利科特在文中提到的"狩猎和杀戮白尾鹿

---

[1] Regan T. The Case for Animal Rights. Berkeley: University of California Press, 2004.
[2] Callicott J B. Animal liberation: a triangular affair. Environmental Ethics, 1980, 2: 314.
[3] Leopold A. A Sand County Almanac. New York: Ballantine Books, 1977: 224-225.

在某些地区不仅在道德上是允许的,而且实际上可能是一种道德要求,猎杀这些动物,是为了保护当地环境免受鹿科动物数量激增的影响,这可以被视为一项必要的措施"①。

马克·塞格夫(Mark Sagoff)在文章《动物解放与环境伦理:糟糕的婚姻,快速离婚》("Animal Liberation and Environmental Ethics: Bad Marriage, Quick Divorce")中也提到了相似的观点。"狩猎"其实是为保护荒野提供了一种以运动形式延续阳刚和原始技能的手段。因为自然界本身也需要顶级的掠食者,所以猎人有时候就扮演了这样的角色。或者换句话说,猎人的功能其实是一个重要的生态功能。②塞格夫认为环境保护主义者不是为了个别动物而行事;相反,他们试图保持的是自然环境的多样性、完整性、美观性和真实性。这些目标是生态的,而不是对个别动物的仁慈。因此,从环保主义者的角度出发,他们和猎人的目标是完全一致的,即如果猎人是在射杀数量超过其栖息地承载能力的动物,那么猎人的行为完全是道德的。

2. 生存型狩猎

相较于治疗型狩猎在动物伦理理论和环境伦理理论支持者之中存在的分歧,生存型狩猎应该是毫无疑问地能得到双方的支持。试想一下,如果是一个迷失在山中饿了一天一夜的人,为了继续活下去,用自己的求生技能抓到了一只野兔而饱餐一顿得以续命,无论是动物权利论者从"人的权利和动物的权利"中二选一,还是动物结果主义者从"满足人的幸福或愉悦而不得不牺牲动物的较小幸福或愉悦"的角度出发,都能够接受人因为生存原因而杀死一只野兔。具体来说,从动物权利论的角度,虽然野兔的权利也很重要,但是人的权利是同等重要的。所以,人为了捍卫自己的权利而不得不杀死野兔,在道德上是绝对允许的。而动物结果主义在乎的是满足最大数量的愉悦和幸福,减少最大量的痛苦和不幸。那么,很明显当人和野兔必须选一个时,人肯定是会被选择的那个。因为,人对死亡的恐惧和害怕更多,更具有想象力。而与野兔相比,人因为寿命和感知能力更强,最终也能得到更多的幸福和愉悦。所以,在人和野兔只能生存一个的情况下,动物结果主义会毫不犹豫地选择人。

---

① Callicott J B. Animal liberation: a triangular affair. Environmental Ethics, 1980, 2: 320.
② Sagoff M. Animal liberation and environmental ethics: bad marriage, quick divorce. Philosophy & Public Policy Quarterly, 1984, 4(2): 6.

从环境伦理的角度出发，那就更简单了。人类因为生存的原因狩猎野兔而吃掉，正是遵循了生物圈中适者生存的法则——人因为更加强壮和机智而成为生物竞争中存活下来的那一位。另外，生态圈并没有因为人吃掉野兔而被打破任何平衡和完整性。所以，人因为生存狩猎野兔从环境伦理的角度来看当然是被接受的。

如果以上的生存型狩猎案例只是个别的极端案例，那么大规模的、长期的生存型狩猎呢？比如，土著部落或者一些原始的狩猎民族，非洲卡拉哈迪中部的布须曼人或坦桑尼亚北部的哈扎人，还有中国最后的狩猎民族鄂伦春族。他们的祖先世世代代都以狩猎的方式栖息生活，他们所进行的狩猎活动在道德上能被接受吗？劳伦斯·卡洪（Lawrence Cahoone）认为土著部落的人们狩猎大多是为了维系自己的生命，他们对狩猎的需求是生物性的需求。[1]所以，与上面的个别案例所使用的论证角度和理论一样，用来维系生命的狩猎是毫无疑问地能得到道德支持的。另外，原始部落的狩猎传统往往也遵循一些神秘的宗教信仰和当地部落信仰的自然规律，所以对动物的猎杀往往也都不是完全地没有节制，而是遵照一定的生态发展的可持续法则。[2]

3. 运动型狩猎

瓦尔纳把运动型狩猎定义为维护宗教或文化传统、练习运动技能或者获得战利品以及玩乐性质的一种运动或者游戏。[3]关于运动型狩猎，瓦尔纳认为从环保主义者的角度来看通常有两种想法。有些环保主义者本身就是狂热的狩猎者，他们认为只要狩猎不会对生态系统造成损害，那么狩猎就完全不会涉及伦理问题。而另一些人则认为，狩猎只能在需要防止对生态系统造成损害时才可以进行。很明显，前者对于狩猎的伦理限度要比后者低很多。后者认可运动型狩猎仅仅只是因为它是一种有效的生态管理方式，也就是说，只有当运动型狩猎算作治疗型狩猎时才在道德上合理。[4]因此，笔者认为如果运动型狩猎

---

[1] Cahoone L. Hunting as a moral good. Environmental Values，2009，18：67-89.
[2] 在文章《苗族、宗教和地方》（"Hmong Spirity，Religions and Place"）中，作者描述了传统苗族人在狩猎前会进行仪式和祈祷，狩猎后获得的猎物也被认为是上天的恩赐和礼物，所以狩猎通常也会有节制地进行。传统的苗族人认为贪婪地索取大自然给予的物资（动植物）是道德上错误的事情。
[3] Varner G. Environmental ethics, hunting, and the place of animals//Beauchamp T L, Frey R G (eds). The Oxford Handbook of Animal Ethics. New York：Oxford University Press，2012：862.
[4] Varner G. Environmental ethics, hunting, and the place of animals//Beauchamp T L, Frey R G (eds). The Oxford Handbook of Animal Ethics. New York：Oxford University Press，2012：862-863.

和治疗型狩猎在概念上重合,那么从理论上来说并没有特别分类的必要。但是,如果我们将运动型狩猎理解为瓦尔纳介绍的第一种类型,即"不会对生态造成破坏就可以随意猎捕动物的活动",那么笔者认为运动型狩猎是存在道德问题的。

只从维系环境的完整性和平衡的角度出发,如果人类的狩猎手段仅仅是停留在原始的用弓箭、来复枪和设置简易的陷阱等阶段,那么人类的狩猎对生态的破坏很难有较大的威胁,因为少数人的狩猎对整个地区的生态确实不会有太大的破坏。[1]然而,如果对生态影响不大就可以逃脱伦理的审视吗?或者因为对生态无影响就可以成为运动型狩猎的充分理由吗?笔者在论述运动型狩猎时,想引用内德·赫廷格(Ned Hettinger)在文章《在罗尔斯顿的环境伦理中审视掠夺:小鹿斑比爱好者与树木拥抱者》("Valuing Predation in Rolston's Environmental Ethics: Bambi Lovers versus Tree Huggers")中提到的"最小伤害原则"(principle of minimum harm),以及里根在《动物权利》中提出的"境况更糟糕原则"(the worse-off principle)来解释。

赫廷格的最小伤害原则可以理解为,我们应该尽可能地以危害最小的方式来努力实现我们的目标。[2]通过对运动型狩猎的定义,我们可以暂时将运动型狩猎分为人类历史文化价值传承、游戏(玩乐价值)和技能训练(能力价值)这三大目标。对于人类历史文化价值的传承,不可否认,人类的狩猎行为是人类和大自然竞争的产物,不仅在人类演化过程中体现了人类的勇气,还展现了人类的智慧。狩猎作为一种活动和文化传承延续了人类的精神。海明威在《老人与海》中写下了出海的老人在与自然做斗争时有感而发的话,即"一个人可以被毁灭,但不能被打败"[3],这句话引发了很多人的共鸣。《老人与海》中与强大的自然不屈不挠的斗争成就了今天的人类。所以,很多人认为我们不应该放弃"狩猎"这项传统的活动,因为这项活动的象征意义很大。那么出于对人类历史文化价值的传承,以上的逻辑得到的陈述是"因为我们需要传承狩猎的

---

[1] 请注意,我们这里谈论的狩猎只是想要把范围限制在普通的运动型狩猎是否存在伦理问题的论题上。如果已经是大面积的偷猎和盗猎,以及大面积地伤害野生动物,那显而易见的不仅是道德错误,更是达到了触法的阶段。对野生动物大面积地狩猎已经是公认的在道德和法律上都错误的案例,并不是本文所涉及的伦理讨论。

[2] Hettinger N. Valuing predation in Rolston's environmental ethics: bambi lovers versus tree huggers. Environmental Ethics, 1994, 16(1): 3-20.

[3] Hemingway E. The Old Man and The Sea. New York: Scribner, 1952.

精神，所以我们需要继续进行狩猎这项活动"。但是，传承狩猎的精神和继续狩猎活动真的是一个因果关系吗？借用赫廷格的表述，我们在意的目标应该是"传承狩猎的精神"。那么实现这个目标，笔者认为不必通过狩猎活动来获得。首先，我们需要明确狩猎的目标是继承和保持人类历史文化价值，这种价值是通过与自然的搏斗彰显的。如果我们采取狩猎的方式，那么毫无意外给其他动物带来危害甚至造成其死亡。赫廷格的"最小伤害原则"鼓励我们在追求目标时尽可能地减少危害，所以在达成继承人类历史文化价值的目标时，进行狩猎也并不是唯一的方式。其实要与自然实现互动，也有登山、航海甚至是野外摄影等方式可以采取。将狩猎作为唯一的方式似乎有些牵强。除了搏斗精神的价值，狩猎还有游戏和休闲的价值。

狩猎从19世纪初期开始就是英国贵族运动的一种，贵族们以此来消遣或者作为逃离城市的一种放松活动。①但是，在现代社会中消遣和放松的方式可以有很多种，各种规则完善的竞技运动和电子游戏都可以用来进行消遣和消耗一定的体力，逃离城市也可以选择露营、徒步和野外摄影。如果目标仅仅是消遣和放松，随意使用动物的生命作为手段似乎并不能被轻易地认可。至于对于人类技能的训练，狩猎当然包含了各种各样的运动和生存技能，比如用弓、用剑、用枪、伏击和设计陷阱等。除此之外，猎人往往对当地的生态和环境，甚至是捕获对象（动物）的习性等都需要学习和熟悉。一个好的猎人所需要掌握的技能，需要经过长期的训练并不断学习新的知识。这些知识和技能本身当然非常有价值，但是学习这些知识和练习相关的技能并不需要通过真实的狩猎来实现。首先，由狩猎文化而发展出的弓箭和枪的使用等已经演变成了许多专业的运动，想要学习这些技能都可以到相关的场所去进行。其次，对动物习性和当地生态的了解也可以直接通过阅读书本或者实地考察的形式去学习。也就是说，狩猎所涉及的技能虽然都很有价值，可以成为人类所追寻的有价值的目标，但是不需要真的通过去猎杀动物来实现这些目标。

里根的"境况更糟糕原则"可以理解为，如果"少数面临的伤害会使他们比大多数中的任何个体的伤害都更糟糕时，'境况更糟糕原则'允许少数的权利凌驾于多数权利之上"②。虽然里根的"境况更糟糕原则"是建立在所有的

---

① Moriarty P V, Woods M. Hunting≠predation. Environmental Ethics，1997，19（4）：391-404.
② Regan T. The Case for Animal Rights. Berkeley：University of California Press，2004.

哺乳动物都和人类一样有平等的道德权利，或者说"不被伤害权利"的基础上的，但是其他的伦理学家可能还是认为人的不被伤害权利要高于动物的不被伤害权利。因为人的感知能力、预知能力以及各种觉知和记忆都会更强，所以感受到的伤害和危险也相应更多。为了避免更多不必要的争论，我们姑且先认定无论是动物还是人，生的权利都是一样的，这里笔者认为的生的权利是延续生命或者生存的权利。回到运动型狩猎的例子，运动型狩猎其实是用动物生的权利和人类玩乐或者享受的权利去做置换，这种置换是平等的吗？我们先设想各种权利之间也有满足的先后之别，也就是说，生的权利很明显是要先于满足口腹之欲的权利、寻求快乐的权利或者宗教表达的权利的。那么，当动物和人都拥有相同的生的权利的时候，生的权利应该是被首先考虑的。但是，在运动型狩猎的例子中，动物生的权利被放在人类玩乐或者开心的权利之下了，这显然不符合里根的"境况更糟糕原则"，因为动物的境况相比较之下更糟糕，但是它们的权利却没有得到优先考虑。

无论如何，运动型狩猎似乎都很难得到合理的伦理辩护。著名的环境伦理学家霍尔姆斯·罗尔斯顿Ⅲ（Holmes Rolston Ⅲ）也认为狩猎的核心价值不是"运动"，他认为仅在以参与自然活动为目的的情况下才认可狩猎的必要性。比如，战利品狩猎、娱乐型狩猎以及出于宗教原因的狩猎都被他视为纯粹的文化活动，他并不赞成这些"非自然的"狩猎。①

难道狩猎的行为都可以被归纳在以上的三种类型中吗？有的狩猎行为可能同时兼具两种类型的特征，比如，中医认为一些珍贵的救命药材的药方需要某种野生动物的身体部位（穿山甲鳞片、犀牛角、虎骨和熊胆）入药，那么去狩猎这些动物而获取药引的行为可以看作是一种"生存型狩猎"和"运动型狩猎"的结合。因为它同时兼具了满足基本的生命需求（如果是救人于危难之中）和延续传统医药文化两种属性。②还有一种是较普遍的现实生活中的案例，比如，有的人拿着狩猎许可证在规定的区域和时间对特定的物种进行狩猎，虽然他们被颁发许可证是为了行使治疗型狩猎的权利，即维护生态的和谐和平衡。但是，很多猎人在狩猎过程中对动物的追捕是去满足他们在娱乐和运动上的

---

① Moriarty P V, Woods M. Hunting≠predation. Environmental Ethics，1997，19（4）：392.
② 动物作为中药的药引到底对治疗起到什么样的作用，治疗什么类型的疾病以及是否有可替代的植物等等，都需要更多的医学研究和调查。所以，本文的讨论可能无法在这一专业性上涉及更深入的讨论。

需求，所以这样的狩猎也可以算作是运动型狩猎。

通过对三种不同狩猎类型的描述，笔者可以得出的结论是，生存型狩猎在伦理上是合理的，治疗型狩猎从环境伦理学的角度来说也没有伦理问题，但是运动型狩猎无论是从环境伦理的角度出发还是从动物伦理的角度出发都无法摆脱伦理的审视。至于更复杂的狩猎，比如狩猎野生动物是为了获得治病的药材等可能包含了多种类型的狩猎，这些情况更需要按照具体的案例进行解析。

三、食用野生动物的道德考量

对食用野生动物又是如何进行伦理判定的呢？笔者认为可以将关于狩猎的讨论作为食物来源是否道德的辅助分析。表 1 是关于食用野生动物的来源，以及在此情况下食用的初步伦理判定。

表 1 食用野生动物的来源以及初步伦理判定

	求生	环境管理	娱乐
食用野生动物是道德的	√	√	
食用野生动物是不道德的		√	√

通过对狩猎三种类型的分析，笔者认为也可以将食用野生动物的议题分情况来依次进行对比。第一，如果我们食用野生动物是为了荒野求生，或者在土著部落中野生动物是他们日常生活中食物的唯一来源，那么笔者认为这样的食用不应该受到任何伦理的谴责。

第二种类型与环境管理有关，如果猎人在合理合法的情况下获得了捕猎许可证，在允许的季节捕杀规定种类的动物，那么他将捕获的动物进行食用，甚至做成衣服和纪念品似乎也都在道德允许的范围内。但是，道德直觉告诉我们，即使在考虑捕杀野生动物这样的与环境伦理议题息息相关的问题时，好像也并不能只从环境伦理的角度去进行思考。我们可以关注以下的相关案例。

案例 1

猎人 A 在规定的时间地点猎杀规定种类和数量的动物，但是猎人 A 并不关心环境的管理和生态的平衡，他只是想要通过猎杀动物以获得杀戮的快感。

案例 2

猎人 B 在规定的时间地点猎杀规定种类和数量的动物,但是猎人 B 并不关心环境的管理和生态的平衡,他只是想要猎杀动物来售卖最终获得更多的金钱利益。

案例 3

猎人 C 在规定的时间地点猎杀规定种类和数量的动物,但是猎人 C 并不关心环境的管理和生态的平衡,他只想要猎杀动物之后品尝动物的肉。

从案例 1 来看,虽然猎人 A 的行为并没有对生态造成任何危害,但是猎人 A 进行猎杀的动机是满足自己的杀戮快感,满足自身杀戮快感的动机与维护生态平衡是毫无关系的。也就是说,猎人 A 进行猎杀的真实动机和目的其实是为了伤害动物,而他的开心和快乐建立在了伤害其他生物的性命之上。猎人 A 的所作所为无论是从义务论还是目的论的立场都是不符合道德的。但是笔者认为用单一的伦理法则来看待这件事情并不全面。虽然当我们检视猎人 A 所做的事情的结果时,可能发现他所做的事情符合环境伦理倡导的原则,即维护生态的和谐和平衡,但是猎人 A 对生态的维护并不是他猎杀的初衷,而仅仅是他满足杀戮的副作用。所以,猎人 A 的猎杀仍然应该受到道德的谴责。

从案例 2 来看,猎人 B 的行为也没有对生态造成任何破坏,但是猎人 B 是将猎杀动物当作了换取金钱的手段。换句话说,猎杀动物对猎人 B 而言仅仅只有工具价值,他真正想要的东西是在猎杀之后的金钱。与案例 1 相同,猎杀的行为虽然成就了维护生态和谐的好事,但是维护生态和谐对于猎人 A 和 B 而言仅仅只是一种"副作用"(side effect)。猎人 B 和 A 都属于是不小心做了件好事,但是他们的目的都是其他。笔者认为猎人 B 为了自身金钱利益给其他生物带来了痛苦和伤害,猎杀的动机也与维护生态和谐完全无关。所以,猎人 B 的行为也应该受到道德谴责。

从案例 3 来看,猎人 C 的猎杀是为了满足自己的口腹之欲或者好奇心。将自身的欲望和好奇心建立在其他知觉动物的痛苦和死亡之上,并且目的和动机都与保护生态无关,所以笔者认为猎人 C 的行为也应该受到道德谴责。

其实从案例 1 和案例 2 中,我们并没有直接讨论食用这样来源的野生动物是否在道德上合理,因为这涉及购买者是否知情食物来源。笔者认为,如果购买者清楚地知道猎人的真实动机和目的,仍然继续购买相关的猎物,那么购买者的行为就是直接地支持猎人继续运用该动机和目的去进行狩猎的行为。在以上的分析中，笔者明确地表示了猎人 A 和 B 的行为应该受到道德谴责，所以购买者在知情的情况下仍然购买也同样应该受到道德谴责。但是，如果购买者对猎人 A 和 B 的真实目的和动机并不清楚，那么购买者对食物的购买不应该受到道德谴责。

猎人 C 食用野生动物仅仅是为了满足自身的娱乐欲望，比如口腹之欲、好奇心。因为这些欲望是唯一的食用原因，且这些欲望都能很容易地通过找到可替代的无须伤害任何生物的活动和事物来满足，这让动物的牺牲和伤害显得非常不平衡和不合理。因此无论是从义务论、功利主义还是环境伦理学家罗尔斯顿所认同的"狩猎的核心精神和价值"的角度出发，都可以很清楚地揭示以娱乐为唯一理由来食用野生动物的不合理性。

综上所述，虽然因为环境保护的原因，猎杀动物似乎在环境伦理合理性的范围内，但是，通过具体地分析猎人猎杀的动机和目的，我们也还是能看到不同情境中猎杀的道德不充分性。同样地，食用野生动物的人也需要对食物来源的伦理合理性进行考量。如果漠视食物来源的伦理合理性就等于是支持了获得食物的伦理不合理性。

四、总　　结

本文将食用野生动物的重要议题分解为论述"狩猎野生动物"和"食用野生动物"这两大部分。不仅强调了食物来源对食用食物的道德合理性至关重要，同时也解释了在环境伦理视域下狩猎野生动物的大多数伦理合理性。但是，当关注到个别案例中狩猎者和野味食用者的动机和目的的伦理不合理性时，维持生态平衡和稳定的借口也不应该成为其猎杀和食用的伦理原因。

Rethinking Eating Wildlife in the Post-Epidemic Era

Zhang Yunjie

（Fudan University）

Abstract：The new crown epidemic sweeping the globe has once again put the spotlight on the topic of wildlife consumption. My paper begins with Clare Palmer's definition of wildlife. It then employs Gary Varner's classification of hunting into three types (therapeutic, subsistence, and sport). This paper focuses on separating the important topic of eating wildlife into two main topics: "hunting wildlife" and "eating wildlife". By emphasizing that the source of food is crucial to the moral justification of eating that food, it shows that, from the perspective of environmental ethics, that the majority of cases of wildlife hunting are morally permissible. However, when focusing on the motives and purposes of hunters and wild animal eaters in individual cases, the environmental ethics reason for maintaining ecological balance and stability should not be the ethical reason for their hunting and eating either.

Keywords: eating wildlife, hunting, environmental ethics, principle of ecological balance

数字技术伦理
Digital Technology Ethics

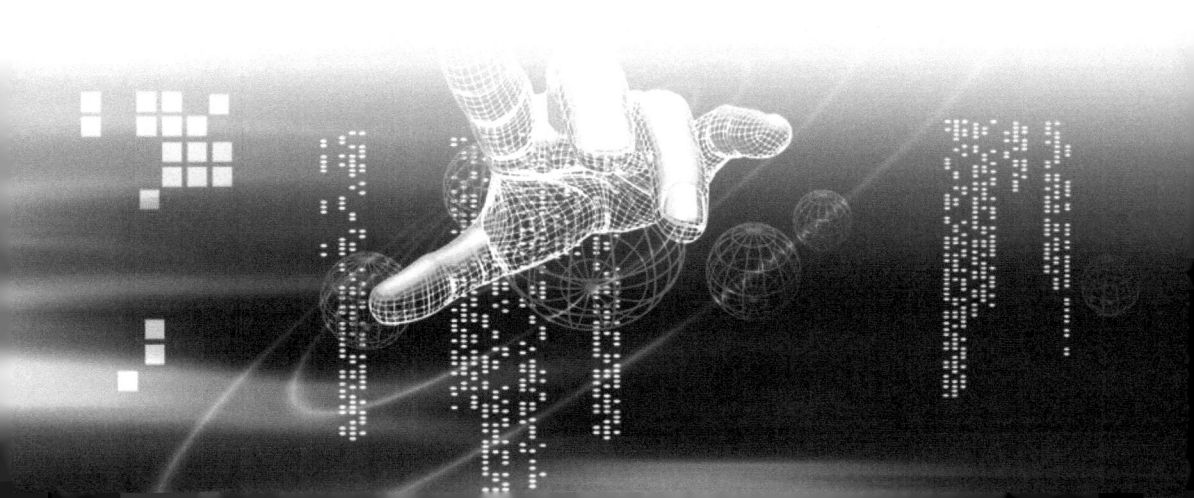

脸与面：数字面具的本质及其伦理意蕴*

周境林[1] 孙玉莹[2]

（1. 复旦大学；2. 大连理工大学）

摘　要：脸是人最具代表性的表象，读图时代脸进入网络空间成为虚拟面部图像，经由美颜修图、人工智能换脸等数字技术的修饰和重塑，本真之脸幻化为数字面具。数字面具在数字技术赋权、消费社会环境等因素的驱动下风靡，具有图像化塑造、符号化重构、镜像化在场、同质化设定、伪饰化表征和本体化发展趋势等核心特征。数字面具一方面能够保护个体的真实身份，展演理想面貌，提升认同感；但另一方面也意味着脸的本真性被遮蔽，造成展演自我和真实自我之间的断裂、冲突和异化，折射出数字面具对社会交往信任和数字身份认同的冲击，产生面容失真、社交失信、身份失落等伦理后果。

关键词：脸，数字面具，本体化，身份认同，异化

一、引　言

视觉文化的盛行，使脸的重要性愈加显现出来。视觉文化是以视觉为中心、以形象和外观为核心要素的文化。在以视觉文化为主导的读图时代，人们倚重图像来认知、理解和解释世界。读图时代抬高了脸的地位，使脸成为个人独特性的象征，配有照片的身份证件就是例证。但与此同时，美颜修图、人工智能（AI）换脸等各种层出不穷的数字技术引发了一场脸部图像生产与再造的

---

* 基金项目：①国家自然科学基金委员会项目"全球视野下我国科研伦理主要议题与战略应对"（编号：LL2224015）；②中国科学院学部科技伦理研究项目"数字技术的伦理研究"；③国家资助博士后研究人员计划（编号：GZC20230549）。

狂欢。在技术的作用下，脸成为可操控的图像，其价值取决于它的可操控程度[1]。这些应用软件具有便于获取、易于上手的特点，使得人们对脸部图像的改造和美化成为常态[2]。人们纷纷把美化后的脸放在网上供人观赏，真实的脸反而在网络社交平台中成为稀缺之物。这种对脸部图像进行变动或重塑的现象，可称为"虚拟面部重塑"。

虚拟面部重塑现象展现的是脸在数字时代的技术化复制、重现和重塑，其背后的实质是将脸识别、置换为数字面具，使脸逐渐被数字面具所取代。美颜修图、AI换脸所造成的伦理影响已经引起学界的广泛讨论[3]，但鲜有学者深入探究数字面具的本质。然而，只有理解与把握一件新兴事物的本质，才能洞悉它会造成何种伦理影响，才能掌握处理其伦理风险之途径。

为了弥补当前学术对数字面具本质探讨之不足，本文将从美颜修图、AI换脸等虚拟面部重塑现象入手，剖析数字面具的概念与风靡原因，揭示数字面具的核心特征，进而反思数字面具可能产生的伦理后果，以期为深入探究数字面具提供理论指引，推动和丰富赛博空间伦理研究的发展。

二、何谓数字面具

面具起源于远古时期的生命崇拜。古人用黏土和颜料仿制死者生前的脸制作面具以将其作为祭祀用品[4]。古希腊至中世纪时期，人们佩戴面具举行狂欢庆典和仪式；古希腊悲剧诗人埃斯库罗斯（Αἰσχύλος）将面具引入戏剧表演，面具的拉丁文词源 persona 即指演员扮演角色所用的道具。步入数字时代，实体面具变成数字面具，人的真实面孔和身份隐藏在电子屏幕背后、数据代码之下。

数字面具是以数字形式在网络空间中呈现的虚拟面部图像。通过美颜、AI

---

[1] Mitchell W J. The Reconfigured Eye：Visual Truth in the Post-Photographic Era. Cambridge：MIT Press，1994.
[2] Rajanala S，Maymone M B C，Vashi N A. Selfies—living in the era of filtered photographs. JAMA Facial Plastic Surgery，2018，20（6）：443-444.
[3] Meskys E，Liaudanskas A，Kalpokiene J，et al. Regulating deep fakes：legal and ethical considerations. Journal of Intellectual Property Law & Practice，2020，15（1）：24-31.
[4] Belting H. Face and Mask：A Double History. Hansen T S，Hansen A J（trans.）. Princeton：Princeton University Press，2017：7.

换脸等数字技术重塑的脸部图像是数字面具的基本表现形式。个体把脸从具体的现实情境中抽离出来，对脸进行图像化、符号化的重新生产和诠释，制造出虚拟在场的数字面具。它承载着自我期待、审美想象和社会标准，弥补着数字空间交往中真实面孔的缺席，成为在网络空间中表征意义上真正的脸。数字面具是一种主体可选择的自我呈现方式。自我呈现意指主体为使他人按自我期望看待自己而进行调整并展示自我的印象管理行为[1]。在数字时代，网络空间成为人展示理想自我的多维前台，而屏幕后的真实世界则作为人还原本真自我的后台。数字面具作为人在网络前台自我展演的道具和印象整饰的手段，采用掩饰、伪装的方式使自我形象与前台表演一致，成为连接虚拟前台和现实后台的通道。

数字面具根据脸部图像修改程度的大小划分，可分为微调型、重塑型、变更型三类，此三类数字面具处于脸部图像修饰谱系中的不同位置。微调型数字面具对脸部图像的修饰程度最小，如用美颜相机拍的自拍照或用修图软件修过的照片等等，观看此类脸部图像尚可清晰地知道数字面具指向何人。重塑型数字面具对脸部图像的修饰程度较大，如美颜修图过度的照片，让人难以辨别照片中的人是谁。变更型数字面具则是直接变换了整张人脸，如AI换脸后的图像，虚构的人脸让人无法辨别真伪，更无从得知人脸背后的真实身份。

受到数字技术赋权、消费社会环境等多方面因素的驱动，数字面具逐渐流行起来。首先，技术赋权使数字面具风潮蓬勃发展起来。数字化生存的一大特质是赋予权力[2]。互联网、人工智能、大数据等打破了原来既定的话语空间和集中的权力格局，使人的认识能力和表达能力可以充分地发挥出来，表现出对人类能动性和多样性的包容。技术在诸多维度和层面上赋予普通人权力，如网络话语权等等。人人都可在数字平台上展现自身价值、生成影响力并获取资源，从而增强个人存在感和自我效能感。

AI换脸技术和美颜修图技术就提供了数字赋权的工具。AI换脸技术是利用计算机程序对人脸的关键信息进行深度学习，再利用人工智能算法将脸部特征应用到另一个人的脸上，使图像或视频中的原始人脸变为目标人脸，从而实现虚拟脸部的变换。这种技术为主体尝试展演不同角色和对自我形象进行

---

[1] Goffman E. The Presentation of Self in Everyday Life. London：Penguin Books，1990.
[2] Negroponte N. Being Digital. New York：Vintage Books，1996.

娱乐建构提供了支撑，可以满足主体的社交期待。修图软件、美颜相机等应用软件的广泛使用，使人们具备了对自我形象进行修饰、美化的能力，赋予了人们创造性建构和个性化表达自我的可能。使用便捷、操作简单且功能强大的美颜和换脸软件给予普通人以编辑、美化自己面容图像的权力，还极大地降低了个人操纵图像、展现自我的技术成本，使数字面具逐渐风靡起来。

外观美丽的数字面具的呈现，为个人带来更多的社会关注、社会认同感和社会资本[①]。由此，脸部生产在数字空间中蓬勃发展，并逐渐演化成对数字面具可见性和自我身份认同的争夺角逐。在技术赋权的条件之下，数字面具由于成为个人欲望的能指和投射而表现出强劲的发展势头。

其次，消费社会环境为数字面具的繁荣发展提供沃土。让·鲍德里亚（Jean Baudrillard）认为商品的符号价值高于其单纯的使用价值，消费活动实质是一种符号的系统化操控活动[②]。消费活动与数字媒介共同塑造了以符号消费为主导的社会环境和功利化的社会氛围。在这种情况下，消费者陷入对抽象符号价值的狂热追求，以至于消费社会成为一种非真实的幻象世界。这一幻象世界以消费欲望为主导，消费欲望被视觉图像和符号价值体系频频诱发、刺激，直至极度膨胀，最终也在图像符号中爆发出来。图像符号的消费使人从生产图像的主体沦落为被图像任意操纵的客体，人成为待价而沽的商品并以图像化的形式呈现出来。同时，人本身还致力于锻造和包装更理想的自我，以使自己能够被观看、被认同和被付费。由此可见，数字面具本身是一种虚假的图像和虚幻的想象，但由于其能迎合视觉狂欢的需要，能给消费主体和被消费者都带来精神满足，因此数字面具泛滥成为消费社会的一大问题。

三、道具的反转：数字面具的核心特征

面具兼具隐藏和呈现的矛盾两面：一面遮蔽真脸，隐藏真实身份；另一面呈现面具形象，展现虚假身份。面具的这一特性使真实之我与外在世界隔离开，能够保护本真自我免受伤害，也能协调人与外界社会的关系，以使人获得

[①] Campante F，Durante R，Tesei A. Media and social capital. Annual Review of Economics，2022，14：69-91.
[②] 转述自 Jameson F. Postmodernism and consumer society//Foster H. The Anti-Aesthetic：Essays on Postmodern Culture. New York：New Press，2002：111-125.

社会承认。虚拟空间中的数字面具不同于实物面具,数字面具既延续了面具的遮蔽和呈现的矛盾特性,又呈现出不同于以往时代的新特征,下面将一一阐述。

1. 图像化塑造

在数字时代之前,图像依赖于复制实体原型才得以存在,第二性的图像以第一性的实体原型为依据。数字技术颠覆并反转了实体原型与虚拟图像间的发生次序。图像的实体原型在虚拟空间中缺席,于是虚拟图像替代实体原型在场,并通过软件算法进行编辑和重组使自身得以强化,逐渐实现对原型的超越;实体反而被图像所支配,甚至开始模仿图像。这一过程印证了路德维希·安德列斯·费尔巴哈(Ludwig Andreas Feuerbach)的批判之语成为现实:"影像胜过实物、副本胜过原本、表象胜过现实、外貌胜过本质。"[1]数字面具的塑造逻辑正是将人脸通过拍照、识别等方式转换为虚拟空间中常见的视觉材料,并对其进行编码和有目的的重塑,加剧脸部图像的冲击力,而使其具备了强叙事功能,使人需要以图像的方式才能证明自己的存在。

2. 符号化重构

符号(symbol)原意为标签、象征,既是承载信息的主要载体,也是能够指称外物的象征之物。数字面具的符号性分为形式和内容两个层面:从形式层面来说,数字面具由信息符号构成,其本身表现为表达和传递信息的符号矩阵;就内容层面而言,数字面具具有能指和所指双重内涵。在符号语言学的视域中,能指和所指是符号的一体两面,能指是人通过感官所把握的符号的物质形式,所指是人对符号所指涉的对象所形成的心理概念。数字面具作为一种具有遮蔽意义的呈现话语,以异质化的脸部图像的能指来呈现虚拟身份的所指,并通过相对固定的形象特质使观众在心中自动孵化出一种合理的身份指向,这一指向随着时间的延长而逐渐完善和强化,数字面具也由此被定格为一种符号化直观。恩斯特·卡西尔(Ernst Cassirer)将人定义为符号的动物,认为只有人才能创造符号、理解符号、运用符号,符号只可能存在于人的意义世界之中[2]。在数字空间中,消费社会的图像符号逻辑得到强化,数字面具的创造是人的符号想象力的体现,数字面具作为人的符号化表征而被纳入符号价值

---

[1] Feuerbach L A. The Essence of Christianity. Mineola: Dover Publications, 2008.

[2] Cassirer E. Language and Myth. New York: Dover Publications, 1953.

体系之中，需要通过符码意义来确定人的价值，数字面具的显现与人的隐没形成鲜明对比。

3. 镜像化在场

镜中映像呈现出人的整体形象，给人以感觉的自反性和完整性。一般而言，人会对镜中客观化的自我形象产生认同感，并开始有意模仿镜像中的自我。镜像模仿是人进行自我建构的本能方式，是形成自我认同以及此后所有次生认同的根源所在[1]。到数字时代，这面镜子变成了电子屏幕，以电子屏幕为镜，人脸映射于其中，幻化为数字面具。数字面具的本质指向人的镜像化自我，数字面具给人提供了极具诱惑力的镜像面容，满足人对自己理想容貌的心理认知和想象投射。镜像化存在的数字面具反过来还成为人进行自我构筑、自我确证的范本。以电子屏幕为界，屏内的数字面具和屏外的人脸形成镜像在场关系，给人以身处虚拟空间的在场之感。

4. 同质化设定

面具本是异质性的，面具只有不同于脸才可以去遮蔽和覆盖脸。数字技术使面具脱离了对本真之脸的依存，而使面具依赖于程序化、模式化的虚拟图像生产模型。虚拟图像生产模型是对已有的修饰方式和美图风格进行简单化复制和规模化生产，其结果就是不可避免地制造出同质化的产物。图像风格看似多元，实则趋同，徒有表面的繁荣。一键美颜、一键出片、美图配方等模式化的修饰方式造成了数字技术统治下审美取向的单一性，对脸的美化实际上成为对脸的类化。用户在借助美图软件制造数字面具、享受便利的同时，也被软件限制在狭窄、有限的操作场域之中，陷入图像操纵的集体无意识，本以为能彰显个性化、差异化的自我，但生产出来的却只会是早已被算法设定好的、大同小异的脸部图像。图像借助于互联网和大数据平台流行起来，暴力地渗透在观众的视觉体验中，导致大众审美进一步趋同、单一和固化。同质化、空洞的数字面具的泛滥造成观众的审美疲劳和个性化表达欲望的压抑，让观众被束缚在一种丧失新鲜感和活力的审美茧房之中。因此，数字面具的同质化设定实质是在谄媚已有的视觉要求和审美风格，同质化的漂亮、精致只会给人带来肤浅、平庸、短暂的视觉快感，千篇一律的审美经验让人丧失了对真正而深刻的

---

[1] Lacan J. Écrits: A Selection. Fink B (trans.). Illustrated edition. New York: W. W. Norton & Company, 2004.

美的感受能力，最终只会让人感到无聊和乏味。

5. 伪饰化表征

数字面具的"伪"有三重含义，即数字面具是人为的、非本真的和具有欺骗性的。其一，数字面具是人为之物，是主体有意设计出来用以体现自身长处、博得他者好感的虚拟图像。其二，数字面具是非本真的，本真的自我隐藏在屏幕之外、面具之后，与数字面具所扮演的角色和身份保持着一定的心理距离，看似呈现自我，实则掩饰自我。主体通过面具维持自己的人设，协调与他者的关系，并根据需要调整自己的数字面具。其三，数字面具具有欺骗性，对图像的修改和美化尽管可以修饰自身形象，赢得他者认同，但也表现出欺骗意图。数字面具不仅欺人，还会自欺。人为了使数字面具更加可信，需要内化自己佩戴的面具，这主要表现在人的语言和行动需符合面具角色的行为逻辑，人要认同面具所扮演的角色价值等。长期佩戴数字面具，会导致人对自己的本真性产生怀疑，久而久之，自己也被不断地自我伪装所欺骗。

6. 本体化发展趋势

传统的实体面具仅是由人布设和操纵的道具，依附于人脸而存在，但数字时代中，虚拟的面具似乎能够脱离人脸而作为本体独立存在。与实体面具相比，数字面具并不需要佩戴者，它们可以在一个可发展为数字乌托邦的虚拟空间内循环往复[1]。数字面具凭借技术在虚拟空间完成自我建构，只保留下脸的形式，取消了身体和原型存在的必要，面具的背后空空如也[2]。数字面具通过数字化图像的方式获得了持续的在场，像道林·格雷的画像一样摆脱了时间的禁锢和束缚。面具是脸向人工制品转化的必然结果，面具不再是复制品，而是成为自身的目的，它不再代替或遮蔽任何人。数字面具取消了与真实的脸的历史关联，摆脱了单纯依附于真实人脸而获得本体性地位，扭转了脸与图像之间的主副关系，在一定意义上承担了真正的脸的功能。

由于数字面具具有图像化塑造、符号化重构、镜像化在场、同质化设定、伪饰化表征、本体化发展趋势等核心特征，一系列的伦理问题也随之而生。

---

[1] Belting H. Face and Mask：A Double History. Hansen T S，Hansen A J（trans）. Princeton：Princeton University Press，2017：326.

[2] Belting H. Face and Mask：A Double History. Hansen T S，Hansen A J（trans）. Princeton：Princeton University Press，2017：326.

四、失真、失信与失落：对数字面具的伦理省思

数字面具呈现的是非本真的面孔，虽能在一定程度上保护面具下的真实自我，但也会造成社会交往失信的伦理后果。数字面具的呈现虽能提高人的认同感并使人获得更多的社会认同，然而长期处于数字面具之下，也会造成面孔失真、社交失信与身份失落等伦理问题。

1. 面孔失真

图像化、符号化的数字面具遮蔽了脸的本真性。本真性在较强烈意义上指"无可争议的起源"，或在较弱意义上指"忠实于原作""可靠、准确的表现"[1]。针对个体而言，本真性意味着对自我的忠诚。本真性更多的是对内的真实而非对外的真实，对自我的忠诚是本真性的伦理要求[2]。脸之为物，旨在彰显自我，具有本真性的特点。本真性具有独特性和权威性两大特征，然而数字面具解构了人脸的独特性和权威性，使人脸丧失了本真性。

首先，数字面具使人脸丧失独特性。本真性的独特体现在时间演替过程中发生在物本身之上的历史，以及建构于此历史过程之中的特殊意义。物可以被复制，但其所承载的历史和意义却不可能被技术仿制出来，复制所得的物必然丧失了即时即地性，也即丧失了其本真性。真实的、自然的脸是人身体中最具个性特点的部位，具有独特性和唯一性。相比之下，数字面具是数字技术规模化制造的产物，难以负载本真之脸所蕴含的历史意义，加之图像技术的同质化制作，脸进而丧失了独特性和差异性。

其次，数字面具使人脸丧失权威性。观者对于原作始终存在着心理上的距离感，这种距离感奠定了原作的神秘性、神圣性和膜拜价值，而多样的机械复制方法使得艺术品的可展示性大大增加，让展示价值抑制甚至压倒了膜拜价值[3]。数字面具经由互联网平台和算法推送大批量地展现在观众眼前，抛弃了脸的神秘感。数字面具也冲击了脸的真实性和可信度，斩断了虚拟脸部图像与

---

[1] Varga S, Guignon C. Authenticity//Zalta E N, Nodelman U. The Stanford Encyclopedia of Philosophy. Stanford: Metaphysics Research Lab, Stanford University, 2023.
[2] Taylor C. The Ethics of Authenticity. Cambridge: Harvard University Press, 1992.
[3] Benjamin W. The Work of Art in the Age of Mechanical Reproduction: Walter Benjamin. London: Penguin, 2008.

实体原型之间的必然对应关系；虚拟图像不仅可以表征既有的现实，更可以制造未有的"现实"。例如 AI 换脸，AI 换脸后的虚拟面部图像具有高度虚假性、迷惑性和欺骗性，对脸的伪造和更换损害了脸的代表性、权威性和真实性，以虚拟脸部图像为主要呈现形式的数字面具已经可以达到在视觉上与真实人脸几乎无法区分的逼真效果，使"眼见为实"不再可靠。

2. 社交失信

伪饰化的数字面具一方面能保护个人隐私，隐藏真实自我，避免在公开场域中暴露真实身份、欲望和行动，减少麻烦。但另一方面，戴着数字面具进行交往具有潜在的欺骗性，容易使对方丧失信任感。

脸是人展现自我和表达自我的显在符号，人通过脸来展现自我。脸构成了人身体的一部分，同时也是人们借以自我表达的工具。人普遍有表达意图，希望通过脸来传达信息；同时，人们也往往会在一个人的脸上寻找他的自我表达[1]。脸的表意功能是使社会交流和互动得以可能的必要条件。美颜后的脸部图像作为彼此指认的首要凭证，成为数字空间中主体间建立联系的中介[2]。数字空间中主体的虚拟社交是美颜修图的主要目的，美化后的脸在数字空间中公开、分享，作为获取他者认同的符码，主体在他者的观看、点赞和评论中获得其意义旨归。虚拟社交是数字面具的展现场域，数字面具使社会互动天然地带有迷惑性和虚假性，人人都藏在数字面具之下，不以真实面貌示人，虚伪作风蔓延扩张，面容失真和视觉失实冲击着大众的认知，使大众对网络中的人脸图片产生不信任感，难免会形成失信的社会氛围，影响和破坏网络社会的和谐风气。

此外，AI 换脸需要获取和运用人脸数据等高度敏感的生物信息，但很少对这些信息进行有效保护，这可能会引发信息安全和侵犯隐私权等伦理问题[3]。除隐私权外，AI 换脸还可能盗用、滥用脸部图像和身份信息，冲击着人的肖像权、名誉权等合法权利，给个人声誉带来损害，对社会造成不良的伦理

---

[1] Belting H. Face and Mask：A Double History. Hansen T S，Hansen A J（trans.）. Princeton：Princeton University Press，2017：130.
[2] Liu X D，Wang R Z，Peng H，et al. Face beautification：beyond makeup transfer. Frontiers in Computer，2022，4：910233.
[3] Bennett C J，Raab C D. The Governance of Privacy：Policy Instruments in Global Perspective. 2nd and Updated ed. Cambridge：MIT Press，2006.

影响。

3. 身份失落

数字面具由于技术赋权而彰显人的主体性，使人能够呈现理想自我，提升自我认同感，然而当人面对面具与真实自我双重身份时，会产生角色认知冲突，导致个体的同一性危机，最终使个体遭遇身份的失落。

互联网赋权在身份认同等方面本应具有积极的促进作用[1]。美颜修图的主要目的在于社交，而社交的主要目的在于寻求并获得认同。美颜修图寄托着人的审美、情感和自我认同，数字面具能够满足主体的自恋感、成就感和虚荣心等心理需求，还能得到他者的关注和赞同，实现主体对获得他者认同的渴望。但数字面具带来的认同终究是虚幻的、暂时的认同，主体游离于现实之外，沉迷于电子屏幕中的美丽幻象，终会落入迷惘的虚无之中。

镜像化、本体化的数字面具还可能会造成自我误认。脸具有象征意义，通过脸，人的身份得以彰显。脸在彰显身份的同时，也隐喻着人的主体性与权力。脸是身份的象征，数字面具则是数字身份的代表，而就如脸与数字面具不同一般，主体的真实身份与数字身份有所出入也在所难免。个体在面对真实身份和数字身份时可能会发生心理冲突，产生身份认知失调，促使人迁就和顺应其中一种身份认知，以恢复同一协调的认知状态。由于个体在虚拟空间长期处于数字面具的遮蔽之下，按照数字面具所扮演的角色言谈行事，同时不断受到他者凝视和消费文化的影响，因此数字面具可能会更加符合主体的自我认同，而当认同转移到数字身份之上时，就造成了真实身份的失落。

主体自我的呈现需在与他者的互动中完成，自我需要他者的认可，他者与主体的互动最先体现在他者对主体的凝视之上[2]。主体用眼睛注视着他者，他者也在向主体投以目光，从他者折返到主体身上的目光就是凝视[3]。他者凝视形成一种权力的压迫，即他者掌握着评判权力、审美标准和既定规则，并以此作为范本规训主体。规训的结果即是数字面具的产生。数字面具作为主体欲望

---

[1] Siddiquee A, Kagan C. The internet, empowerment, and identity: an exploration of participation by refugee women in a Community Internet Project (CIP) in the United Kingdom (UK). Journal of Community & Applied Social Psychology, 2006, 16 (3): 189-206.

[2] Roudinesco E. Jacques Lacan. Bray B (trans.). New York: Columbia University Press, 1999.

[3] McGowan T. Looking for the gaze: lacanian film theory and its vicissitudes. Cinema Journal, 2003, 42 (3): 27-47.

的呈现载体，在以他者为主导的象征秩序下成为被凝视所规训的符号产物。主体显露于他者的凝视之下，被他者凝视所驱动，只好展现出符合他者凝视要求的形象和行为。按照他者的要求和外在的评判标准来形塑、调整自己的数字面具，成为他人目光投射下主体行动的核心。同时，这种被凝视的压力感也会潜入主体的意识深处，主体会不自觉地以想象中的他人目光来反观自身，为获得想象层面的他者认同而进行自我规训，将外在的压力转化为自我的驯化，使得本应彰显主体性的数字面具成为主体屈从的对象，导致主体的自我异化。

数字面具的风靡所引发的伦理问题深刻且复杂，其对策非一文可蔽之。但初步来说，面对以 AI 换脸为代表的面容失真问题，应当及时建立和出台针对 AI 换脸技术的法律法规，加强对虚拟面部重塑技术的监管，增强对人脸生物识别信息的保护。针对网络空间的不信任问题，有必要不断提高网络公民的数字素养，加强人们对数字面具的辨别能力和独立思考能力，平台和个体共同维护可信任的网络生态环境。个体在面对可能出现的身份同一性危机和虚假认同问题时，要保持对自我身份的清醒认识和稳定的自我认同，在现实与虚拟相互交织的数字时代维护自身的本真性，防止自我的被异化和被规训。

五、结　　语

以虚拟面部重塑现象为表征的数字面具建构于强大的图像技术之上，在消费社会中得以登场。虚拟空间中的数字面具是脸的图像化塑造、符号化重构和镜像化在场。然而同质化、伪饰化的数字面具也意味着脸的本真性被遮蔽，脸的真实性遭到质疑，其结果便是在数字时代中社会交往信任的失却。戴着数字面具的主体自愿被他者的凝视所规训，产生身份认知的混乱，屈从于数字面具所代表的数字身份，导致主体的异化和真实身份的失落。尽管数字面具指向种种伦理后果，但其也已作为本体而存在，不可能也不必要尽数摘除。在颠倒的世界中，真实只是虚假的某个时刻[①]。唯有保持谨慎的观察，才能在数字面具的迂回包抄中，实现本真之我的突围。

---

① Gerrard J, Farrugia D. The "Lamentable Sight" of homelessness and the society of the spectacle. Urban Studies，2015，52（12）：2219-2233.

The Nature and Ethical Implications of Digital Masks

Zhou Jinglin[1]   Sun Yuying[2]

(1. Fudan University;

2. Dalian University of Technology)

Abstract: Faces serve as the most distinctive markers of human identity. In today's digital era, they transition into the virtual domain, evolving into digital masks. The surge in their popularity, spurred by advancements in face retouching and AI-driven face-swapping technologies, raises significant ethical concerns. In this article, we analyze the ethical dimensions of digital masks by exploring their nature. We begin by exploring the rise of digital masks, attributing their widespread adoption to the advancements in digital technology and the prevailing consumerist culture. We then identify and discuss the key features of digital masks: image-based shaping, symbolic reimagining, reflective presence, standardized configurations, simulated representation, and their ontological evolution. Drawing on these characteristics, we argue that such masks can create a chasm between one's projected and authentic self, undermine societal trust, and precipitate a crisis of personal identity.

Keywords: face, digital mask, ontologization, personal identity, alienation

"欺骗"抑或虚构？
——对社交机器人的伦理审视

曹忆沁

（复旦大学）

摘　要：拟人化是社交机器人的重要特征。随着拟人化程度的提升，社交机器人愈发表现出与人类相仿的外貌特征与行为方式，引发了关于社交机器人"欺骗"问题的伦理讨论。通过对"欺骗"一词进行概念分析与哲学史溯源可论证，使用"欺骗"概念定义人类与机器人交互过程中产生的拟人化与移情现象，会忽视人机间相互塑造的内在关系。用"虚构"概念对原"欺骗"问题进行重新定义更为恰当。人类对社交机器人的拟人化倾向与情感投射并非受其欺骗的产物，而是通过虚构以赋予机器人精神生命的过程。进一步从"虚构"概念入手重审人类与社交机器人的关系，可以发现，若把握好人机间交往与虚构的尺度，便有望构建良好的人机互动关系。

关键词：社交机器人，拟人化，欺骗，虚构

社交机器人，通常指以社会可接受的方式与人类进行互动，并以可感知的方式向人类传达意图的机器人。[1]为使社交机器人能够与人类进行有意义的交往和沟通，设计者往往采用拟人化（anthropomorphization）的设计路径：社交机器人不仅具有与人类相似的外形结构，也常常通过语言、表情、肢体动作等展现出近似人类的行为模式与情感反应，以鼓励人类用户将其视作真实生命体。伴随着人工智能技术的发展，社交机器人的拟人化特征愈发凸显。

---

[1] ScienceDirect. Social Robot. https://www.sciencedirect.com/topics/computer-science/social-robot[2023-05-13].

其不仅能够识别用户的声音、面孔和情绪，与用户进行眼神、会话等交流，对复杂的语言和非语言提示做出适当反应，甚至能够通过用户的反馈，学习如何满足人们的需求。①随着此类机器人在人类生活中日益普及，新的伦理风险也逐渐涌现，"欺骗"（deception）问题便是其中之一。

一、"欺骗"问题的提出

"欺骗"问题近年来引起广泛关注。斯派洛（Robert Sparrow）、考伊（Roddy Cowie）等学者认为，拟人化设计的社交机器人的核心功能是制造幻觉（illusion 或称"虚幻"）：设计者通过命令机器人展现类人的外形与行为，使机器人在与用户交互的过程中暗示出其并不具有的情感属性，以此鼓励用户对其产生同情、爱护、依恋等往往在人际关系中生发的情感。因此，人类与此类机器人交互时往往受其欺骗。②这一欺骗行为应受谴责，因为受欺骗的用户无法如其所是地认识真实世界③，并会将宝贵的时间、金钱与注意力浪费在无意义的事情上。④尼霍姆（Sven Nyholm）、特克尔（Sherry Turkle）、王珏（Jue Wang）等学者进一步指出，社交机器人的欺骗行为可能反向损害用户的社会互动水平。社交应为主体与另一拥有主体性的他者进行真实的交互活动，但机器人仅能在行为层面对人类进行模仿，无法构成具有复杂性的他者。若沉溺于机器人提供的虚假社交体验，用户将丧失处理复杂的真实人际关系的能力。⑤

---

① Jecker N S. You've got a friend in me: sociable robots for older adults in an age of global pandemics. Ethics and Information Technology, 2021, 23: 35-43.
② 参见 Sparrow R, Sparrow L. In the Hands of Machines? The Future of Aged Care. Minds and Machines, 2006, 16（2）: 141-161; Cowie R. Companionship is an emotional business//Wilks Y. Close Engagements with Artifcial Companions: Key Social, Psychological, Ethical and Design Issues. Amsterdam: John Benjamins Publishing Company, 2010: 169-172.
③ Sparrow R, Sparrow L. In the Hands of Machines? The Future of Aged Care. Minds and Machines, 2006, 16（2）: 155.
④ Bryson J J. Robots should be slaves//Wilks Y. Close Engagements with Artifcial Companions: Key Social, Psychological, Ethical and Design Issues. Amsterdam: John Benjamins Publishing Company, 2010: 67.
⑤ 参见 Nyholm S. Humans and Robots: Ethics, Agency, and Anthropomorphism. London, New York: Rowman & Littlefield Publishers, 2020; Turkle S. Alone Together: Why We Expect More from Technology and Less from Each Other. New York: Basic Books, 2011; Wang J. Should we develop empathy for social robots//Fan R, Cherry M. J. Sex Robots: Social Impact and the Future of Human Relations. Cham: Springer, 2021: 41-56.

与此同时，也不乏学者认可"欺骗"行为的益处。杰克尔（Nancy S. Jecker）基于能力进路（capability approach）指出，拟人化设计的社交机器人模拟了复杂的人类社会反应，能够为用户补充缺失的人际关系，进而促进人类的核心能力，如情感、联结、玩乐等。① 达纳赫（John Danaher）则表示，不应当认为"机器人只能'伪造'与友谊相关的情感和行为线索"。人类可以将对友谊与社交的部分实际需求外包给随叫随到、永不疲倦的社交机器人，为自身带来积极的情感体验与工具性现实效用，并对人际社交关系进行补充与巩固。②

另有学者质疑，用"欺骗"概念来概括机器人对人类的模拟并不恰当。考科尔伯格（Mark Coeckelbergh）认为，"欺骗"的提法依据的是柏拉图式的形而上学传统，预设了"在实体真正是什么和实体如何显现之间，存在着鲜明区别"，但基于现象学的观点则会认为"人们对'真实'的看法总是经由中介或被建构的"③，故"欺骗"的提法值得质疑。埃斯（Charles Ess）与弗洛里迪（Luciano Floridi）也指出，数字化转型已然动摇了人们看待世界的既定框架，如今现实与虚拟、人类与机器人之间的区分愈发模糊，这要求人们放弃以往二元论式的思维方式以及以"人类、自然和人工制品间的区分"为基础的概念工具。④

可以看到，在理论层面，不同学者对"欺骗"问题的评价各异，甚至在"欺骗"概念的适用性上也存在分歧。在现实层面，目前拟人化设计的社交机器人已被引入家庭陪伴、老年护理、疾病治疗等多种场景。随着老龄化的加剧，社交机器人的影响也在逐步扩大，处理"欺骗"问题的需求日益紧迫。文章试图从阐释"欺骗"的概念结构与哲学史背景入手，从哲学层面重审这一概念的适用性，明确"欺骗"问题的规范内涵与实质，为审慎考察社交机器人的相关伦理问题提供一定的理论支撑。

---

① Jecker N S. Sociable robots for later life: carebots, friendbots and sexbots//Fan R, Cherry M J. Sex Robots: Social Impact and the Future of Human Relations. Cham: Springer, 2021: 25-26.
② Danaher J. The philosophical case for robot friendship. Journal of Posthuman Studies, 2019, 3（1）: 5-24.
③ Coeckelbergh M. Are emotional robots deceptive? IEEE Transactions on Affective Computing, 2012, 3（4）: 391.
④ Ess C. Theonlife manifesto: philosophical backgrounds, media usages, and the futures of democracy and equality//Floridi L. The Onlife Manifesto: Being Human in a Hyperconnected Era. Cham: Springer, 2015: 92-93.

二、"欺骗"概念的界定及其规范维度

（一）"欺骗"概念的结构考察

首先，欺骗意为"使某人将错误或无效的东西视为正确或有效的东西"。[1]根据这一定义，达纳赫将与社交机器人相关的欺骗分为三类，即外部状态欺骗、表面状态欺骗与隐藏状态欺骗[2]，其中后两者与机器人的拟人化属性相关。具体而言，当机器人发出相关信号，以暗示它具有其本不具备的能力或特性时，便构成了表面状态欺骗。而隐藏状态欺骗意味着机器人隐藏起了其实际具有的能力与特性，如机器人在回答用户问题时，延迟回复并发出迟疑的声音，使用户认为其在沉思，以掩盖其远高于此的及时推理能力。瑟特拉（Henrik S. Sætra）基于达纳赫的分类进一步指出，在社交机器人欺骗问题中，表面状态欺骗与隐藏状态欺骗相辅相成：暗示机器人拥有实际上并不具有的人类属性，必然涉及掩盖其本身具有的某些机械属性。[3]

其次，欺骗的成立以欺骗者与欺骗意图的存在为前提。机器人本身无法产生意图，但其拟人化的属性却使其被动地带有了欺骗意图，故机器人拟人化属性的设计者可被视为主动欺骗方。[4]后者通过外观与行为设计，故意令机器人呈现出与人类相仿的外观或行为方式，以此实现"鼓励用户将机器人看作近似人类的生命体"的意图。但是，设计者的欺骗意图如没有人类用户的配合也难以达成：用户虽知晓机器人不同于真人，但仍放任自身遵照机器人与其设计者的鼓励与指引行事，对机器人进行拟人与移情。值得注意的是，这一自欺现象在机器人用户中普遍存在，并不受年龄、受教育程度、所处行业等因素影响。[5]

---

[1] Merriam-Webster Dictionary. Deception. https://www.merriam-webster.com/dictionary/deception[2023-05-13].
[2] Danaher J. Robot betrayal: a guide to the ethics of robotic deception. Ethics and Information Technology, 2020, 22（2）：117-128.
[3] Sætra H S. Social robot deception and the culture of trust. Paladyn, 2021, 12（1）：276-286.
[4] 王亮. 基于情境体验的社交机器人伦理：从"欺骗"到"向善". 自然辩证法研究, 2021, 37（10）：55-56.
[5] Scheutz M. The inherent dangers of unidirectional emotional bonds between humans and social robots//Lin P, Abney K, Bekey G A. Robot Ethics: The Ethical and Social Implications of Robotics. Cambridge: MIT Press, 2012：205-222; Darling K. Extending legal protection to social robots: the effects of anthropomorphism, empathy, and violent behavior towards robotic objects//Calo R, Froomkin A M, Kerr I. Robot Law. Cheltenham: Edward Elgar Publishing, 2016：213-231.

最后，欺骗并非单纯的描述性概念，而内含评价性与规范性维度。根据莱文（Timothy R. Levine）的真理默认理论，"当我们与他人交流时，我们不仅倾向于相信他们，而且甚至都不会想到我们不应该去相信对方"。①人们在日常互动中总是对互动方有着默认的信任，并期望从其处获得真相，而欺骗实则是对这一假设与期望的破坏与违背。"欺骗"概念内含的评价性与规范性维度在此被揭示：其预设了对正确、有效事物的期待与对错误、无效事物的拒斥，并相信"不欺骗"是特定关系中的常态与规范。

那么，当"欺骗"概念被置于人机社交语境时，又具有何种规范性内涵呢？通过查阅过往文献，可以看到，在讨论"欺骗"问题时，"虚幻"（illusion）和"虚拟"（形容词 virtual 或名词 virtuality）概念往往同时出现，并被作为对"欺骗"的说明。②但"虚幻"与"虚拟"有别，对二者异同的厘清有助于进一步理解"欺骗"概念。

"虚拟"与"虚幻"可被看作一对同时与"现实"相对，却又彼此相反的概念。现代信息与通讯技术（ICT）中的"虚拟"概念意味着"在不具备物理形式的情况下，拥有某物的属性"③，其通常适用于虚拟现实等技术，指利用计算机技术生成模拟环境，令人产生身临其境的感受。"虚拟"之所以与"现实"或"真实"相对，也在于虚拟现实技术鼓励用户混淆机器模拟环境与现实环境间的差别。虽然大部分用户在进入模拟环境时，能够清晰地认识到环境的虚拟性，但在使用过程中，这种清晰的认识往往会被暂时切断。

不过，"虚拟"虽然是包括机器人技术在内的 ICT 的重要组成部分，但这一概念却并不适用于社交机器人。社交机器人的拟人化属性本身便意味着模范人的物理形式，因而无法达到"虚拟"所要求的对物理形式的跨越。此外，机器人遵照预先编写的程序指令行动，其运作机制与作为有机体的人类有别，故不能认为其拥有人类属性。所以"虚拟"的概念并不适用于关于"欺骗"问

---

① Levine T R. Truth-Default Theory. http://timothy-levine.squarespace.com/truth-default-theory[2023-05-13].
② 参见 Birnbaum G E, Mizrahi M, Hoffman G, et al. What robots can teach us about intimacy: the reassuring effects of robot responsiveness to human disclosure. Computers in Human Behavior, 2016, 63: 416-423; Coeckelbergh M. How to describe and evaluate "Deception" phenomena: recasting the metaphysics, ethics, and politics of icts in terms of magic and performance and taking a relational and narrative turn. Ethics and Information Technology, 2018, 20（2）: 71-85.
③ Metzinger T K. Why is virtual reality interesting for philosophers? Frontiers in Robotics and AI, 2018, 5: 101.

题的讨论。

"虚幻"意为"对某客观存在物的真实本质拥有错误的理解"[①]，这一概念更适用于社交机器人语境。社交机器人作为人类技术产物，由程序控制、在行为层面模拟人类的情感反应，但本身不具备情感与知觉能力。然而，当机器人通过模拟人类外观与行为、鼓励用户将其视作生命体，并将情感、痛苦等本不属于机器人的属性加诸其上时，用户便对其机械本质产生了错误认识，"虚幻"由此生成。

总结而言，"虚拟"通过模拟物质环境，以激发现实的知觉反应；而"虚幻"则通过模拟现实的知觉反应，赋魅朴素的物质。更进一步，二者作为模拟现实的结果，都同样建立在与现实的对立之上。这一观察进而指出了"欺骗"概念内含的人机互动规范，即机器人不应欺骗人类，而人类用户也应拒斥机器提供的幻觉：由于虚幻是不真实的，故机器人隐藏自身的机械属性、诱导用户赋予机器人其本身并不具有的人类属性的做法是错误的；同时，用户忽视机器人是机械装置的现实，自欺欺人地对机器人进行情感投射，也是错误地遮蔽了机器人的真相。所以，在"欺骗"问题的提法背后，其设想的理想人机互动关系是：社交机器人的设计者应放弃拟人化的设计思路，不掩藏机器人的真实属性；而社交机器人的用户也应坚持对机器人属性的正确认知，不沉沦于机器人与自身共同建立的虚幻状态。

但在厘清概念结构后，更多问题随之涌现："欺骗"概念的规范性并非自明：为何现实正确、有效，而虚幻却错误、无效？进一步，"欺骗"概念对现实与虚幻进行二分，这一二分的合理性又何在？对这些问题的追问，指向了对"欺骗"概念哲学起源的追溯与质疑。

（二）"欺骗"问题的哲学史考察

"欺骗"概念与其规范性的起源可追溯至柏拉图的二元本体论。柏拉图把世界分为现象世界与本真世界，认为在可感的个别事物之外，还存在一个理智可知且更加真实的领域。在其著名的洞喻中，洞穴中的器物与其在矮墙上的投影对应可见的、浮光掠影般的现象世界；而洞穴之外、太阳之下的事物，则对

---

① Merriam-Webster Dictionary. Illusion. https://www.merriam-webster.com/dictionary/illusion[2023-05-13].

应可知的、坚实的本真世界。在洞喻中柏拉图提示，一个行走在光明中、知晓真实世界的哲人，比被缚在洞穴中、沉溺于虚幻现象世界的囚徒同胞更为高尚，进而赋予了"真实"规范意味。

柏拉图对真实-虚幻/表象的二分与"欺骗"概念背后的形而上学立场一致。后者将机器人视作对世界真实万物进行模仿的器物，它们单纯地投射着外观上与人类相似的阴影，却并不具有人的属性。用户将机器人理解为拥有自主情感的生命体，沉溺于表面的相似性，就像被锁于洞穴中的囚徒般无知而可悲。高尚者则应抵御与摒弃这一对现实世界的错误认知。"欺骗"问题对社交机器人拟人化设计的拒斥正是基于上述哲学立场，但这一立场并非不可置疑。

首先，柏拉图式的二元立场在哲学史上一直有反对者。贝克莱（George Berkeley）曾以"我们只能知晓自己的感知"为基础，否定物质实体，试图解决二元论留下的难题。如以贝克莱哲学的视角观照机器人拟人化问题，一元论的立场将消解"欺骗"概念所暗示的伦理规范。同样，进入20世纪，萨特（Jean-Paul Sartre）、梅洛-庞蒂（Maurice Merleau-Ponty）等人的现象学观点也否认人类能够经验到一个绝对客观的、物理学意义上的宇宙。相反，主体总是动态地与其所处的世界相联系，而所有的知觉活动都带有身体性。这意味着，遗忘人类知觉经验的身体维度，用对象化的方式理解自身与世界过于片面，也因此会错过世界的丰富与灵动，无法把握到对身体性存在者而言的世界本来面目。

其次，人们自身使用社交机器人等ICT产品的经验也很难被还原进上述二元论框架。简言之，人们并不将这一领域内的交互经验理解为与现实相对的"幻觉"。[1]一方面，并不存在一个与这个世界截然分离的仿真世界，人类与ICT产品的交互仍处于物质层面。[2]机器人不仅拥有坚实的物质形式，其行动与言语也时刻与我们进行肢体及感官交互。同时，社交机器人的行为模式、语言内容都源于人类设计，这些行为与文本的最初创造者也都是人类自身。另一方面，多项研究表明，人类用户通过与社交机器人互动，切身感受到了机器人提

---

[1] Floridi L. Background document: rethinking public spaces in the digital transition//Floridi L. The Onlife Manifesto: Being Human in a Hyperconnected Era. Cham: Springer, 2015: 41-48.

[2] Coeckelbergh M. Care robots and the future of ict-mediated elderly care: a response to doom scenarios. AI and Society, 2016, 31（4）: 455-462.

供的陪伴所带来的温馨。①人类与机器人间的社交关系并非一种与现实俨然对立的"虚幻"。

最后，二元论与"欺骗"的提法以工具主义立场解读人机关系，却忽视了人机间的内在联系。"欺骗"概念要求用户将机器人视作人类的工具，不对其产生僭越的情感，却没有意识到"由于是我们（人类）创造了它们（机器人），所以它们从来不是单纯的工具；相反，它们被注入了我们的目的、我们的意义和我们的价值"。②当人赋予机器人名称与功能时，也随之赋予了它性别、职能、社会位置与文化背景。这意味着，在设计、生产、购买乃至使用机器人的过程中，它们从未脱离人类社会而独立存在，其意义总是与更广泛的人类意义创造、更宽阔的人类意义视野相联系。此外，机器人具体行为的意味也被交由用户感知与解读。在互动过程中，社交机器人一个表达善意的动作可能被解读为敌意与蔑视，一个意在逗乐的玩笑也可能被理解为嘲讽或风凉话。所以，社交机器人的行为并不独立于人类文化与人类生活之外。

三、以"虚构"替代"欺骗"及其伦理反思

（一）从"欺骗"到"虚构"

基于上述论述，可以看到二元论催生的"欺骗"概念并不适用于人类与社交机器人的互动，继续用"欺骗"来概括人类对机器人的拟人化及移情倾向，或将误导对相关伦理问题的讨论。有必要找寻新的概念来对相关现象进行重新定义，而目前有两条新概念的线索。

第一，用户在人机交往中往往处于一种交叠状态。用户一方面清楚机器人本身不具备人类情感，另一方面又无法克制向机器人投射人类情感的倾向，持续将机器人感知为有情感的生命体。"欺骗"概念承认这一双重状态的存在，却将其视作一种应被弥合的错误分裂。然而，一旦走出"欺骗"概念与其内含

---

① Góngora A S, Hamrioui S, de La Torre Díez I, et al. Social robots for people with aging and dementia: a systematic review of literature. Telemedicine and e-Health, 2019, 25（7）: 533-540; Prescott T J, Robillard J M. Are friends electric? The benefits and risks of human-robot relationships. iScience, 2021, 24（1）: 101993.

② Coeckelbergh M. Three responses to anthropomorphism in social robotics: towards a critical, relational, and hermeneutic approach. International Journal of Social Robotics, 2022, 14: 2049-2061.

的排斥性，便能看到这一交叠状态普遍存在于社交机器人的用户群体中，却并没有给用户带去混乱与分裂。相反，他们坦然接纳社交机器人作为其生活组成部分这一事实，并且既享受与机器人互动带来的乐趣，也接受可能随之而来的困扰。[①]这一现实存在的双重状态应当在新的概念中，被以更中性的方式承认、接受。

第二，放弃"欺骗"概念与其预设的二元本体论，并不意味着转向彻底的一元论立场，不再考虑机器人与人类的差别。机器人的运作模式归根结底与作为有机体的人类相异，而目前的技术发展水平也并不支持机器人完全模拟人类外观与行为。新概念仍需保留一部分二元论的洞见，以为相关伦理问题的分析提供入手点。

结合上述批评与线索，斯维尼（Paula Sweeney）提出的"虚构"（fiction）概念，或许可以克服"欺骗"的不准确性，成为对相关问题更准确的描述。"虚构"不同于"虚拟"或"虚幻"，作为名词的"虚构"意为"由想象力创造之物，尤指一个创造出来的故事"[②]。这一概念能够在三方面更准确地反映人类用户与社交机器人交互的实际过程。

首先，"虚构"概念承认两个世界的存在，其一是日常所说的现实世界，主体每日生活于其间；其二是主体经由想象力创造的虚构世界，其中主体主动塑造着这一世界内的人物与事件，并对人物行为拥有解释权。这使得在社交机器人语境中，"虚构"概念能够忠实承认用户所经历的双重状态，并保留机器与人之间的差异。具体而言，人类用户与社交机器人的交互过程可被类比为文学作品阅读中的叙事性、形成性过程。机器人作为机械装置存在的世界，与机器人作为社交伙伴"生活"在其间的世界断然不同，但用户通过在前一个世界中与机器人交互，用人类的内在想象力解读机器人的外在行为表现，却能够以此在后一个虚构世界中感受到机器人的"人性"。这就好比文学作品中的人物在物质世界中只是印刷于纸面的油墨字句，但却能在读者心中拥有鲜活灵动甚至超脱于原有文本的自主生命。由此，社交机器人的形象也不再是欺骗、蒙蔽着用户的恐怖机器，而可被视作一个鼓励用户对其进行虚构的中性

[①] 参见 Carman A. They Welcomed a Robot into Their Family, Now They're Mourning Its Death-the Life of Jibo. https://www.theverge.com/2019/6/19/18682780/jibo-death-server-update-social-robot-mourning[2023-05-13].

[②] Merriam-Webster Dictionary. Fiction. https://www.merriam-webster.com/dictionary/fiction[2023-05-13].

角色。[1]人们因机器人反馈而产生的各种情感反应，也正是这一虚构角色在人类心中激起的波澜。

其次，"虚构"概念没有预设规范立场，并不对两个世界做决然二分。主体的虚构总以现实世界的经验为基础，无法虚构出超出自身经验的绝对外来之物；而虚构世界也总具有现实效益，无论是短期内改变虚构者的心境与情绪，还是在长远层面影响乃至塑造虚构者的现实目标与未来规划。事实上，斯维尼便指出，"虚构"概念的兼容性能够克服"欺骗"概念的强硬而提出一种更灵活的二元论，也因此更准确地反映了人与拟人化社交机器人的交往方式。[2]一方面，机器人作为机械装置，在现实世界中占据着真实的空间与时间。机器人的外观设计与行为模式不完全由用户设定，且随着时间推移，机器人也会在物理层面有所磨损、消耗，这构成了人类与社交机器人交互过程中不可控的一面。但另一方面，并不存在对机器人"唯一"正确、客观的认知方式。如何解读机器人的行为、语言与物理变化，进而在身体层面如何感知、理解乃至塑造自身与社交机器人间的关系，仍然很大程度上由人类用户在虚构世界中自行创造。因此，两个世界间拥有相互影响与塑造而非敌对的内在关系。

最后，若将"虚构"视作动词，则会发现其强调了主体对虚构行为的主动控制力。虽然虚构行为以不可虚构的现实世界条件为基础，但主体仍然享有自主决定是否开展、维持一段虚构经验，以及以何种方式推进虚构经验的权力。这提示我们，虽然"虚构"概念的中性性质使得人对机器人产生的情感反应不再被视为非理性，但人类仍然是人机关系的主导者，拥有认知机器人机械属性并随时从虚构世界中抽身而出的能力。对虚构行为之正当性的承认不应掩盖这一点。

综上，"虚构"概念或可取代"欺骗"概念，成为对相关问题更恰当的概括。正是在此基础上，对社交机器人"虚构"问题的伦理审视也得以展开。

---

[1] Sweeney P. A fictional dualism model of social robots. Ethics and Information Technology，2021，23（3）：470.

[2] Sweeney P. A fictional dualism model of social robots. Ethics and Information Technology，2021，23（3）：468.

（二）拟人化社交机器人"虚构"问题的伦理

机器人鼓励用户对其进行拟人化虚构，而人类又对这一虚构行为拥有主动的控制力，故根据人类主动参与"虚构"程度的不同，"虚构"现实存在的伦理问题可进一步细分为两类：①在认知能力完善的群体中存在的伦理问题；②在认知能力退化的老年人、认知能力尚未充分发展的儿童，或其他认知能力有缺陷的群体中存在的伦理问题。前者对"虚构"拥有更强的控制力，而后者控制能力较弱，更易模糊"虚构"与"非虚构"的边界。

1. 认知能力充分者面对的"虚构"问题

出于在独居环境中寻找友人、为家庭成员寻找陪伴等目的，认知能力充分者或购入拟人化设计的社交机器人，并通过虚构行为赋予其家庭成员、私人伙伴等身份，也因此引来相关伦理问题。具体而言，"虚构"可能导致的伦理问题有两点：①社交机器人取代原有社交活动；②人机交往模式损害人际交往模式。前者可概括为替代问题，后者可概括为腐蚀问题。

针对替代问题，夏基（Amanda Sharkey）等学者指出，如果接受社交机器人与人类的关系为正当的社交关系，那么可能导致以下两方面的问题：第一，人们选择与机器人共度时光而拒绝与人类进行社交互动；第二，人们可能默认他人的社交需求正由机器人满足，因而忽略与他人进行互动交往。[1]可以看到，替代问题在价值层面预设了人际社交关系比人机社交关系更值得追求。而对这一预设之合理性的追溯，则将我们的视线导向了腐蚀问题。

"虚构"导致的腐蚀问题主要由两方面批评构成。一方面，社交机器人永远以人类期望的方式行事，无法构成人际关系所要求的复杂"他者"[2]；另一方面，机器人没有血肉之躯的脆弱属性，故人们永远无法像关爱同伴那样关爱机器人。[3]综合以上两点，腐蚀问题的提出者认为，真正丰盈的情感只有在两个生命体的遭遇中才能被唤醒与培养，若习惯于"虚构"的社交关系，人类用

---

[1] Sharkey A, Sharkey N. Children, the elderly, and interactive robots: anthropomorphism and deception in robot care and companionship. IEEE Robotics and Automation Magazine, 2011, 18 (1): 35-36.

[2] Turkle S. Alone Together: Why We Expect More from Technology and Less from Each Other. New York: Basic Books, 2011: 226.

[3] Wang J. Should we develop empathy for social robots//Fan R, Cherry M J. Sex Robots: Social Impact and the Future of Human Relations. Cham: Springer, 2021: 51.

户或将失去处理复杂且不确定之人际关系的能力，乃至失去温柔待人之心。这一观点也构成了替代问题与腐蚀问题拒斥培养人机间社交关系的根本性论据。

需要指出，针对腐蚀问题的两方面批评，仍存在不少反对意见。针对第一方面，考科尔伯格指出，机器人回应人类的模式本身便因算法限制或机械故障而可能产生预期外的行为，并不能完全被人类用户准确预测。[①]同时，"虚构"概念也表明，对机器人行为的感知与解读，取决于人类主体的虚构方式。而腐蚀问题的第二方面也是存疑的。研究表明，倾向于移情并拟人化机器人的人类用户也同样倾向于虚构机器人躯体或情感层面的脆弱属性。[②]

但在上述反对意见之上，仍需承认替代与腐蚀问题的现实性与紧迫性。归根结底，受机器人行为模式与技术能力限制，市面可见的拟人化社交机器人行为方式的复杂性、能力的多样性、情感反馈的精细度等，都难以达到普通人类的同等水平。机器人的客观条件是人类主动虚构的基础，而客观条件的不足也势必导致由人类虚构而生的机器人形象将不如真人生动多变，以人类虚构与移情为基础构建的人机社交关系，也将不如真人社交关系精致、复杂。因此，对于认知能力充分者而言，人机间社交关系的培养应是克制的。完整而融洽的现实生活从来不只有人机关系这一个面向，过度沉溺于机器人社交可能有损生活的深度与广度。

纵向而言，人类拥有深度交往的需求。巴迪欧（Alain Badiou）曾将亲密关系称为"关于'两'的真理"，并认为由此展开，可以学会用差异性的观点来理解世界：一段真诚的关系，是"他人带着他（她）的全部存在，在我的生命中出现"，而"我"则"跃入他者的处境，从而与他人共同生存"。[③]所以，真诚深刻的人际关系没有固定的中心，或者说，彼此间的差异性才是关系的核心。但人与机器人建立的社交关系归根结底由人主导——机器人的功能由设

[①] Coeckelbergh M. Three responses to anthropomorphism in social robotics: towards a critical, relational, and hermeneutic approach. International Journal of Social Robotics, 2022, 14: 2049-2061.

[②] 参见 Jacobsson M. Play, belief and stories about robots: a case study of a pleo blogging community//RO-MAN 2009—The 18th IEEE International Symposium on Robot and Human Interactive Communication. New York: IEEE, 2009: 232-237; Sung J-Y, Guo L, Grinter R E, et al. "My Roomba Is Rambo": Intimate Home Appliances//Krumm J, Abowd G D, Seneviratne A, et al. UbiComp 2007: Ubiquitous Computing. 9th International Conference, 2007: 145-162.

[③] 阿兰·巴迪欧. 爱的多重奏. 邓刚译. 上海：华东师范大学出版社，2012：50-52.

计者确定，而机器人的形象则交由用户虚构——缺乏差异性所要求的深度。

横向而论，无论ICT为人们创造了何等高效、足以替代人与人之间面对面交往的条件，人类仍然是需求丰富且多变的肉身存在，原子化、脱离丰富现实关系的生活缺少广度。目前技术提供的人机社交关系仍然模式单一。社交机器人仅能作为朋友提供支持，却难以转化为恋人等身份提供亲密关系。而哪怕是朋友，也有亲疏远近之分，并且这一距离感也往往随着交往频次、方式的变化而微妙地改变着。人际关系的多样性构成了生活的丰富性与可能性。沉溺于基于"虚构"的单一交往模式，或使生活本身变得单薄狭隘。此外，也正是人际社交的丰富性为个人延展了生活空间。人类朋友通过在物理世界中活动，客观上成为"我"身体的延展，扩大了个体活动与感知的范围。但机器人受技术与服务目的所限，其活动范围往往停留于家庭内部、用户身旁。特克尔所言的"与机器人交往时我们仍孤身一人"[1]，在物理层面亦是一种洞见。

但与此同时，适当培养人机社交关系，则可作为人际社交关系的合理补充。第一，如上文所述，人机交往本身便可以通过"虚构"，向人类提供一定的情感支持。第二，正如达纳赫所建议的，若将友谊想象为人际+人机的三方互动模式，就能看到，与机器人朋友的互动能够补充与加强人类朋友间的互动。[2]人类朋友往往拥有私人日程与个人偏好，这可能会限制人际交往的强度与广度，这些限制有时阻碍交往的深入发展，甚至可能会削弱人与人之间的友谊关系。但社交机器人却可以随时向用户提供朋友式的互动，并时刻包容、回应用户的喜好。若将机器人作为人际关系中的第三方，人与社交机器人的互动能填补个人生活中因人际关系缺失而造成的空白与缺位。

所以，以"虚构"为基础的二元论并不否认人类拟人化及移情行为的正当性，但也同时提示到：人类有走出虚构世界的能力与必要性，不应过度沉湎于人机社交。

2. 认知能力不充分者面对的"虚构"问题

需要承认，相较认知能力充分者，拟人化的社交机器人确能为认知能力有欠缺的老人与儿童带来更显著的现实效益，如提高儿童识别他人基于情境的

---

[1] Turkle S. Alone Together: Why We Expect More from Technology and Less from Each Other. New York: Basic Books, 2011: 226.

[2] Danaher J. The Philosophical case for robot friendship. Journal of Posthuman Studies, 2019, 3 (1): 5-24.

情绪的能力，提高孤独症患儿的身体意识①，改善痴呆老年人的情绪②，通过增加交流机会和增强交流动力改善老年人的认知能力等。③但其面对的问题也更复杂。

具体而言，对于认知能力下降的老年人而言，通过"虚构"对社交机器人进行拟人化可能导致以下几类问题：①老年人无法明确区分虚构与非虚构，这将导致生活中的其他风险增加，如认为"即使以牺牲自己的利益为代价，自己也必须照顾机器人"；②认知能力下降的老年人更需要社会关系提供的关心与照料，而社交机器人或使他人默认老年人的社交需求仅由机器人满足即可，因而忽视与老年人的互动。④问题②与"替代"问题相似。

在儿童方面，不同于成人带着充分的社交经验与能力步入与机器人交往的虚构世界，使用社交机器人与儿童互动，则是通过鼓励儿童进行虚构，以此反哺其社交能力。如此一来，可能产生的问题包括以下几方面：①使儿童混淆人机社交与人际社交模式。这一问题与"腐蚀"问题相似。如果儿童习惯于机器人非人的行为模式，并认为机器人是自主生命体，则可能会以更加机械的方式看待他人，而较少从道德角度考虑他人的地位⑤。②机器人功能的不完善或将阻碍儿童的能力发展。目前社交机器人的功能无法完全以产生安全依恋所需的敏感方式回应儿童。若以社交机器人代替父母来完成与儿童的交际任务，便可能妨碍儿童的语言、情感、逻辑等社交能力的发展。⑥

四项问题中，老年人问题①与儿童问题①可视为一组，其展示了两个相反的过程：老年人将人与人间的人际交往模式代入人机关系，可能会淹没于虚构叙事中，从而失去了"虚构"概念二重面向中现实世界的一面；而儿童则可能将与社交机器人的互动模式带入人际交往活动，反向模糊虚构与非虚构间的

---

① Costa S, Resende J, Soares F O, et al. Applications of Simple Robots to Encourage Social Receptiveness of Adolescents with Autism. New York: IEEE, 2009: 5072.
② Moyle W, Jones C, Cooke M, et al. Social Robots Helping People with Dementia: Assessing Efficacy of Social Robots in the Nursing Home Environment. Piscataway: IEEE, 2013: 608.
③ Tanaka M, Ishii A, Yamano E, et al. Effect of a human-type communication robot on cognitive function in elderly women living alone. Medical Science Monitor, 2012, 18 (9): 1.
④ Sharkey A, Sharkey N. Children, the elderly, and interactive robots: anthropomorphism and deception in robot care and companionship. IEEE Robotics and Automation Magazine, 2011, 18 (1): 35-36.
⑤ Melson G F. Child Development Robots. Interaction Studies, 2010, 11 (2): 227-232.
⑥ Sharkey A, Sharkey N. Children, the elderly, and interactive robots: anthropomorphism and deception in robot care and companionship. IEEE Robotics and Automation Magazine, 2011, 18 (1): 36-37.

分界。老年人问题②与儿童问题②又可视为一组，其着重关注"虚构"问题中，用户与除机器人外的第三方的关系。这一组问题也整体提示了：由于相关群体认知能力不充分，无法完全自主地做出对自身而言好的选择，其本身便需要比认知能力充分者更多的社会关怀及社会联系。所以，当面对认知能力并不充分的行动者时，监护人、照顾者（如护工、社工）以及机器人开发者便需要首先承担起相应责任，辅助乃至代替他们面向其福祉做出恰当安排。

这份责任进一步意味着，当用户无法分辨虚构与非虚构时，监护人、照顾者与机器人开发者等应代为坚守虚构与非虚构、机器与人的界限。数字化革命将智能机器人引入人类生活，认知能力不充分者或许会从"虚构一个机器人伙伴"的行为中受益良多，但不能草率地判定对其福祉而言这是最优选择。由于此类群体更容易沉沦于虚构世界而无法自觉抽身，如果放任其与拟人社交机器人互动，看似将选择权交给了个体自身，实则剥夺了其向更丰富人际关系开放的可能性，进而带来上文所述的"社会孤立""社交能力发展障碍"等种种问题。

但是，对于何时可以向认知能力不充分者引入社交机器人这一问题，不同的学者间仍存在较大分歧。陈（Gary Chan）遵循最小伤害原则，认为只有在"除使用拟人化机器人鼓励虚构外，没有其他可替代方案"时，才能允许在这一群体中使用拟人化设计的社交机器人。[①]杰克尔则认为，只要拟人化的社交机器人能够在最低水平上恢复人类的重要能力，它们便是值得使用的。[②]不仅学者间意见相左，ICT日新月异的发展也为社交机器人在认知层面弱势群体中的使用带来了更多有待探讨的问题：远程呈现机器人（telepresence robot）的发明或大大拉近人与人之间的距离，而深度伪造等人工智能领域技术的发展也使机器人能以愈发敏锐、细致、极其接近人类的行为方式回应用户，这极有可能改变人机间"虚构"关系的面貌，乃至通过改变了的人机间交往模式颠覆人际交往模式。

不过，纵使伦理层面学者观点各异，技术也时刻面临新的机遇与挑战，但

---

① Chan G K Y. Trust in and ethical design of carebots: the case for ethics of care. International Journal of Social Robotics, 2021, 13: 632.

② Jecker N S. Sociable robots for later life: carebots, friendbots and sexbots//Fan R, Cherry M J. Sex Robots: Social Impact and the Future of Human Relations. Cham: Springer, 2021: 36.

仍有一点可以确定：对于"认知能力不充分群体是否应当使用拟人化设计的社交机器人"这一问题，我们仍应保持足够的开放性，不落入"欺骗"概念所预设的简单道德禁令。在虚构与非虚构、机器与人之间做出区分，恰恰意味着在机器人社交与人类社交的程度间进行权衡，对两者都不放弃。

社交机器人开发者需要明确拟人化设计的社交机器人旨在实现的结果及可能付出的代价：社交机器人能在多大程度上促进用户与他人及外界的联系；在多大程度上能通过"虚构"提供实际联系本身；而人机关系又将在多大程度上削弱或改变弱势群体本应享有的人际关系。监护人与照顾者需要理解社交机器人的工作并非替代人类职能：社交机器人通过鼓励用户构建一个虚构的拟人化世界，提供了本质上不同于人际交往关系的新型交往关系，但这一关系并不能完全替代人与人之间双向的交际。在此意义上，康德"要始终把人作为目的，而绝不要仅仅作为手段对待"的定言命令仍然起效。仅为了提升陪伴、教育、护理、治疗等领域内的效率而让弱势群体不设防地暴露于社交机器人前，迷失在拟人化的虚构世界中，会对这一群体的尊严造成损害。

四、结　　语

社交机器人日益逼真的拟人化属性带来了"欺骗"的伦理问题。在考察"欺骗"概念及其蕴含的规范立场后，本文论证，以更中性的"虚构"概念替代"欺骗"概念，能准确地反映人机交互情况。"虚构"概念在赋予人类对机器人的拟人化行为以正当地位的同时，也为分析伦理问题提供了入手点。事实上，"虚构"所产生的伦理风险也正是机器人身份之二元性所带来的一体两面的问题。一方面，拟人化设计的社交机器人鼓励用户参与其叙事过程，为其创造虚构的角色形象与精神生活。这一主动的虚构行为具有多重现实效益。但另一方面，机器人本身具有机械性质，仍与作为有机体的人类不同。认同机器人的"人性"并不自然导向对"虚构"的全盘正当化。全然沉溺于虚构叙事中，则窄化了生活，也因而丧失了"虚构"的初衷。

机器人的设计与使用应当以促进人类的福祉为根本目标。人类用户对机器人的情感反应对于机器人发挥现实功用非常重要，但人类用户生活的完整性与开放性仍然高于任何功用。因此，机器人的设计与使用应当为人类创造更多的可能性，使人们能够拥有安全、便捷且有尊严的途径，去拥抱当下更丰富的生活、开拓更开阔的未来，而绝非相反。

"Deception" or Fiction?
—An Ethical Examination of Social Robots

Cao Yiqin

（Fudan University）

Abstract：Anthropomorphism is an important feature of social robots. As the anthropomorphizability of social robots increases, the human-like appearances and behaviors of them have led to an ethical discussion on the issue of "deception". However, a philosophical tracing of the term "deception" reveals that defining human anthropomorphization and emotional projections in human-robot interaction by the concept of "deception" may overlook the intrinsic relationship between humans and robots. Thus, the article redefines the original problem of "deception" with the new concept "fiction". The anthropomorphization tendencies and emotional projections of humans toward social robots are not the product of deception, but a process of giving spiritual life to robots through fictionalization. Moreover, it is from the concept "fiction" that the article further argues that a good relationship between humans and social robots can be built, as long as the scale of fiction is under human control.

Keywords：social robot，anthropomorphism，deception，fiction

虚拟现实与生活意义

邵健飞

（浙江大学）

摘　要：虚拟现实指一种具有沉浸性、交互性并由计算机生成的现实。虚拟悲观论者认为，只有物理现实中的生活才有意义，虚拟现实中的生活只不过是对真正现实的逃避。查默斯通过对"虚拟"一词的语意澄清向我们表明：一个虚拟现实未必不是一个真正的现实。同时，悲观论者如果不想走向虚无主义，就必须解决一个沉重的论证负担，即证明物理现实不是一个虚拟现实。虚拟乐观论者认为，人造的未来虚拟现实完全可以在取代物理现实的同时让我们过上更有意义的生活。然而，虚拟现实中发现活动的缺失表明物理现实具有某种不可替代性。如果虚拟现实既不像悲观论者所认为的那样不堪，也不像乐观论者所设想的那样完美，那么为了保证意义的完整与选择的自由，我们最好对两种现实都保持善意。

关键词：虚拟现实，生活意义，模拟假设，虚拟乐观论

在 20 世纪 30 年代的科幻小说《皮格马利翁的眼镜》（*Pygmalion's Spectacles*）中，作家斯坦利·温鲍姆（Stanley Weinbaum）设想出了一种通过刺激使用者的感官，使其获得身临其境体验的头戴设备。时至今日，虚拟现实（virtual reality，VR）已经从一个科幻构想变成了一门备受关注的新兴产业：脸书（Facebook）的创始人马克·艾略特·扎克伯格（Mark Elliot Zuckerberg）投资数百亿美元研发虚拟现实设备；中国政府也于 2022 年发布了《虚拟现实

与行业应用融合发展行动计划（2022—2026 年）》①，提出将虚拟现实融入医疗、娱乐、教育等产业的发展规划。同时，涉及虚拟现实主题的文艺作品也层出不穷，并对人类未来做出了各式各样的预言。在技术进步的刺激以及艺术创作的推波助澜之下，人们不免会对一种可能的虚拟现实中的未来生活感到好奇、期待抑或惶恐。本文正是要对这种生活的意义问题进行一个初步讨论。首先，笔者将简要介绍虚拟现实概念的由来及其内涵；其次，笔者将考察看待虚拟现实的两种典型观点——虚拟悲观论与虚拟乐观论。前者认为虚拟现实中的生活是毫无意义的，而后者认为虚拟现实中的生活非但不是无意义的，甚至可以替代物理现实中的生活。最后，笔者将在上文考察的基础上就虚拟现实的意义问题给出一个初步的结论。

一、虚拟现实的定义与隐忧

1965 年，计算机科学家 I. E. 萨瑟兰（Ivan Edward Sutherland）在其具有预见性的论文《终极显示》（"The Ultimate Display"）中设想了一个由计算机虚拟、能让人身临其境且不必遵循物理规则的环境②，并在三年后带领团队制造了第一台头戴式三维显示设备③。1987 年，J. 拉尼尔（Jaron Lanier）开始使用"虚拟现实"描述这一领域，并逐渐为人们所接受④。在总结早期计算机科学家成就的基础上，哲学家 M. 海姆（Michael Heim）在其 1993 年的著作《虚拟现实的形而上学》（*The Metaphysics of Virtual Reality*）中对虚拟现实概念给出了一个经典定义："虚拟现实旨在通过计算机生成的数据替代参与者的主要感官输入，使他们相信自己实际上处于另一个地方。"⑤

海姆抓住了虚拟现实的两个核心特征。其一，它能够让参与者有身临其

---

① 中华人民共和国工业和信息化部. 五部门关于印发《虚拟现实与行业应用融合发展行动计划（2022—2026 年）》的通知. https://www.miit.gov.cn/zwgk/zcwj/wjfb/tz/art/2022/art_775aaa3f77264817a5b41421a8b2ce22.html [2022-11-01].
② Sutherland I E. The Ultimate Display. Proceedings of IFIP Congress，1965：506.
③ Sutherland I E. A head-mounted three dimensional display. Proceedings of the Fall Joint Computer Conference，1968：757.
④ Heim M. Virtual Realism. Oxford：Oxford University Press，1998：5.
⑤ Heim M. The Metaphysics of Virtual Reality. Oxford：Oxford University Press，1993：160.

境之感；其二，它是由计算机生成的，这个特征让虚拟现实区别于梦境、幻觉等其他身临其境的现象。在经典定义的基础上，大卫·查默斯（David Chalmers）将身临其境这一特征进一步细化，从而得到了目前关于虚拟现实最为完备的，也是本文将会采用的定义。在他看来，凡是同时满足以下三个条件的现实都可以被看作一个虚拟现实[①]：①沉浸式（immersive）；②交互式（interactive）；③计算机生成（computer-generated）。

至于一个计算机空间的沉浸性和交互性究竟要到达何种程度才能算作一个虚拟现实，我们很难设立一条明确的标准。至少目前看来，如果按照查默斯的定义，市面上所谓的"VR设备"多少都有点名不副实，这是由于它们至多能较好地实现视觉、听觉层面的沉浸和交互，而在触觉、嗅觉等方面的模拟还存在空白。另外，穿戴式智能设备在散热、续航、舒适度等方面的局限也会让使用者难以长时间地体验虚拟现实，更谈不上在虚拟现实中过上某种生活。出于主题的需要，本文讨论的是一种具有高度沉浸性与交互性的虚拟现实，至于它将会通过何种方式实现，对此我们可以持开放态度：更轻量化设计的穿戴设备将有助于实现这种虚拟现实，而能够直接与大脑进行信息交换的脑机接口则是一种更为彻底的方案。

然而，即使一种高度成熟的虚拟现实在技术上是可能的，但很多人仍会抵触虚拟现实中的生活。这种态度在文艺作品中也不难发现：在《黑客帝国》（*The Matrix*）中，主人公尼奥冲破虚拟现实的选择引起了许多人的共情，并被看作是勇敢、正确的选择，而虚拟现实的维系者则以反派形象示人；在《盗梦空间》（*Inception*）中，主人公柯布的妻子由于怀疑世界的真实性选择了自杀，而主人公自己也由于频繁进入虚拟现实产生了严重的精神错乱。持虚拟悲观论的人认为，虚拟现实中的生活是毫无意义的，只有物理现实中的生活才值得一过。在达纳赫（John Danaher）看来，这是一个有着深厚哲学根基的观点。例如，柏拉图的洞穴隐喻就是在暗示我们摆脱幻象并尽可能地过一种真实生活的重要性[②]。悲观论者经常使用的另一个哲学资源是诺齐克（Robert Nozick）关于体验机的设想。就让我们从这个思想实验开始，切入对虚拟悲观论的分析。

---

① 大卫·查默斯. 现实+——每个虚拟现实都是一个新的现实. 熊祥译. 北京：中信出版社，2022：11.
② Danaher J. Virtual reality and the meaning of life//The Oxford Handbook of Meaning in Life. Oxford：Oxford University Press，2022：508.

二、对虚拟悲观论的分析

1. 从体验机谈起

在其著作《经过省察的人生》(The Examined Life)中,诺齐克提出了一个广为人知的思想实验:

> 想象一台能够给你你可能向往的任何经验(或者一系列经验)的机器。时当被连接在这台机器上,你可以获得创作美妙的诗歌、实现世界和平抑或爱与被爱的体验,你可以"从内心"体验到这些事的快乐……一进入机器,你就会忘记你做过这件事,所以快乐不会由于被意识到是由机器所产生的而被破坏。不确定性也可以通过使用机器的(各种预选方案所依赖的)选择性随机装置来编程。①

这个设想最初的目的是用来反驳享乐主义。如果享乐主义是对的,快乐的体验是生命中唯一重要的东西,那么进入体验机就会给我们带来最好的生活,而诺齐克认为这种观点不可接受。由于体验机是一个标准的虚拟现实情境,人们很容易认为它为虚拟悲观论提供了支持:如果连这么完美的虚拟现实都不值得进入,那不正好说明了任何虚拟现实中的生活都是没有意义的吗?下面就让我们逐条考察诺齐克拒斥体验机的理由,看看它们是否真的能为虚拟悲观论提供支持。诺齐克反对体验机的理由之一在于,体验机中的现实不能与其他人分享:

> 我们毫无疑问想要一个能与其他人分享的现实。按照描述,体验机的坏处之一在于你在特定的幻象中只是孤身一人。②

如果与他人的交互是生活意义的重要组成部分,那么体验机中的生活就很难说是值得过的,因为生活在这款"单机游戏"中的人只能与预先写好的程序打交道。然而,缺乏分享性也许是体验机的特征,但并不作为虚拟现实的普遍特征。我们完全可以参照网络游戏设计一个交互式的虚拟现实装置,其中的

---

① Nozick R. The Examined Life. New York: Simon & Schuster, 1990: 105.
② Nozick R. The Examined Life. New York: Simon & Schuster, 1990: 107.

每一个角色都对应物理世界中的一个真人。诺齐克显然也注意到了这点，他承认当所有人生活于同一台体验机时，这种机器就不会那么引人反对了①。

诺齐克质疑体验机的另一个理由在于，进入这台机器将会令我们失去选择的机会：

> 看起来，一个人无法在这台机器中做出任何选择，至少无法做出任何自由的选择。我们想要的现实的一部分是我们实际的和自由的选择，而不仅仅是表面上的选择。②

这种反驳涉及对自由意志的讨论。由于体验机中的一切情节都是由程序提前设定好的，那么主人公就难以做出任何真正的决定。但是，并不是所有的虚拟现实都一定会采用这种设置。一个虚拟现实完全可以在设定基本规则的同时给参与者以充分的自主权。就像我们在进行棋类游戏时，尽管要遵循一定的运子原则，但这并不意味着我们无法自由地落子。当然，从一种强决定论的视角来看，充分开放的虚拟现实中的主体仍不能做出任何自由选择。但问题在于，从这种视角看来，遵循物理法则的人同样不能做出任何自由选择，因此强决定论并不能作为反对虚拟现实的一条独立的理由。

诺齐克的第三个理由在于，在体验机中度过的人生是一种虚假的人生：

> 我们不会希望我们的孩子过一种满足但基于永远不会被发现的欺骗的生活：尽管他们为自己的艺术成果感到自豪，评论家和他们的朋友只是在假装称赞他们的工作，却在背后嘲笑他们；他们表面上忠贞的伴侣在背地里与别人偷情；他们表面上富有爱意的子女实际上讨厌他们；如此等等。③

如果我们将生活意义看作主客观因素以某种方式结合的产物，那么其中就存在一个独立于个人意志的部分④。也就是说，单纯的主观享乐不足以构成生活意义的充分条件。面对两种主观上同样快乐的生活，我们也倾向于选择真实的那一种，人们有时甚至愿意为了戳穿谎言而牺牲快乐。然而，虚拟现实中

---

① Nozick R. The Examined Life. New York：Simon & Schuster，1990：107.
② Nozick R. The Examined Life. New York：Simon & Schuster，1990：108.
③ Nozick R. The Examined Life. New York：Simon & Schuster，1990：104.
④ Wolf S. Meaningfulness：a third dimension of the good life. Foundations of Science，2016，21：253.

的生活真实与否取决于我们如何使用"真实"概念。如果我们把"真实"看作一种不受欺骗和蒙蔽的状态，那么虚拟现实的生活完全可以是真实的。蒙蔽性并不为虚拟现实所特有，也不被虚拟现实所蕴含。《楚门的世界》(*The Truman Show*)中的主人公生活在一个欺骗性的环境里，即使这个环境并不是一个虚拟现实，而一个虚拟现实也完全可以允许当事人在知情同意的情况下进行体验，这个过程就像今天的我们戴上VR眼镜进行游戏一样。我们并不会认为自己在玩游戏时受到了欺骗。然而，如果我们将"真实"理解为与计算机生成相对的概念，鉴于计算机生成是虚拟现实的本质特征，那么体验机以及所有虚拟现实中的生活的确就是不真实的。由此可见，体验机对虚拟现实的生活意义产生威胁的关键在于它毕竟是个由计算机生成的现实。这将我们带入下一个问题：计算机可以生成一个真正的现实吗？

2. 查默斯对"虚拟"的语意澄清

一些悲观论者声称，如果真实世界中的生活才可以是有意义的，而计算机生成的世界是不真实的，那么其中的生活自然就是没有意义的。面对这种观点，查默斯试图通过对"虚拟"一词的语意澄清向我们表明：一个虚拟现实未必不是一个真正的现实。

"虚拟"(virtual)一词源于拉丁词virtus，它最初指男子气概，后来引申指力量或效力。我们常用"德性"(virtue)指人的性格中的某些积极的力量，它同样源于这个拉丁词。据此，我们有一个对"虚拟"的传统定义：

> 传统定义：一个虚拟的X，是指一个不是X，但有某些X的效力(virtus)的东西。①

在这一传统理解下，虚拟X指某些"像X但不是X"的东西。比如说，一只虚拟的小狗可能在某些方面像真正的狗，但并不是真正的狗。而在一种现代的理解下，"虚拟"一词被与计算机技术联系在一起，虚拟现实中的"虚拟"采用的正是现代定义：

> 现代定义：一个虚拟的X，是指X的一个基于计算机的版本。②

---

① 大卫·查默斯. 现实+——每个虚拟现实都是一个新的现实. 熊祥译. 北京：中信出版社，2022：216.
② 大卫·查默斯. 现实+——每个虚拟现实都是一个新的现实. 熊祥译. 北京：中信出版社，2022：218.

值得注意的是，不同于传统定义，现代定义对于"虚拟的 X 是不是真正的 X"这一问题是保持中立的。比如说，新冠疫情期间借助计算机开展的虚拟课堂、虚拟会议一般被看作是真正的课堂和会议，而人们通过计算机"饲养"的虚拟宠物是不是真正的宠物似乎是有争议的。查默斯认为，当事物 X 的虚拟版本是真正的 X 时，我们可称 X 是虚拟包容（virtual-inclusive）的；当 X 的虚拟版本并不是一个真正的 X 时，我们可称 X 是虚拟排斥（virtual-exclusive）的[1]。不难发现，我们对语词的使用并不是一成不变的，已经有许多事物完成了从虚拟排斥到虚拟包容的转变。比如，从前的人们用"货币"指某些金属或纸币，但目前拥有大量虚拟货币的人也会被当作有钱人；从前的人们用"书"指装订成册的竹简或纸张，但目前电子书显然成为书的一种，甚至有替代纸质书的趋势。可以预见，未来将会有越来越多的事物被人们看作是虚拟包容的。作为虚拟实在论（virtual realism）的支持者，查默斯认为，由于虚拟现实具有因果效力（causal power）、独立于心灵（mind-independent）等特性，目前我们就有很好的理由将其看作真正的现实[2]。

讨论至此，虚拟悲观论的合理与否似乎取决于虚拟实在论是否为真。鉴于围绕虚拟实在论的研究一时难有定论，我们在考察悲观论时需要另辟蹊径。下一节将试图表明，我们可以在悬置虚拟实在论的同时表明虚拟悲观论具有重大缺陷。

3. 模拟假设与模拟论证

为了方便理解，我们先来看下面这对命题：

P1：纳粹是坏人，而张三不是坏人。

P2：张三不是纳粹。

显然，如果谁想坚持 P1，那么就意味着他需要事先对 P2 有所承诺。也就是说，他必须能够对张三和纳粹做出区分。在这个示范后，我们再来看与我们的主题有关的一对命题：

P1′：虚拟现实是无意义的，而物理现实是有意义的。

P2′：物理现实不是虚拟现实。

---

[1] 大卫·查默斯. 现实+——每个虚拟现实都是一个新的现实. 熊祥译. 北京：中信出版社，2022：231.

[2] Chalmers D. Reality+：Virtual Worlds and the Problems of Philosophy. New York：W. W. Norton & Company，2022：115.

本文讨论的虚拟悲观论并不同于一种认为所有现实中的生活都没有意义的虚无主义，也就是说，P1′是悲观论者需要捍卫的核心论点。然而，像张三的例子一样，如果悲观论者想要坚持 P1′，他们就必须能够事先对 P2′有所承诺。也就是说，他们必须能够证明物理现实不是一个虚拟现实。根据定义不难发现，物理现实能很好地满足虚拟现实的前两个要素——沉浸式与交互式，那么悲观论者需要证明的就是物理现实并不基于一个计算机过程。遗憾的是，笔者认为这给他们带来了难以克服的论证负担。为了表明这点，笔者将援引一个防御性的假设和一个进攻性的论证，前者被称为模拟假设（simulation hypothesis），其旨在表明我们无法排除物理现实是由计算机模拟的可能；后者被称为模拟论证（simulation argument），其旨在指出我们有很好的理由相信，我们目前所处的物理现实正是一个虚拟现实。

模拟假设的内容十分简单，查默斯将其概括为"我们正处于并始终处于一个人为（artificially）设计的计算机模拟世界中"[①]。不难发现，模拟假设并不是一个新奇的假说，它让我们联想起哲学史上由来已久的对于外部世界的怀疑论，比如笛卡儿[②]的恶魔假设。笛卡儿想象自己被一个诡计多端的恶魔所蒙骗，以至于"天、空气、地、颜色、形状、声音以及我们所看到的一切外界事物都不过是他用来骗取我信任的一些假象和骗局"[③]。虚拟现实技术的进展让我们看到了实现恶魔假设的其他方式：想象你在熟睡时被戴上 VR 头盔，并被换上了一身带有传感器的服装，你就会在醒来后（哪怕只在一段时间内）被彻底蒙蔽。如果这种蒙蔽可以凭人力做到，我们似乎就没有必要设想恶魔的存在。由此看来，由于其能够与自然主义的世界观相融贯，模拟假设似乎就比一些传统的怀疑论更值得被具有科学素养的人们认真对待。同时，模拟假设也能够不断从 VR 技术的进展中获取力量。理由很简单：我们越是发现创造一个以假乱真的虚拟世界是可行的，就越是不能排除我们此刻已经处于这样一个虚拟世界当中的可能。

博斯特罗姆不满足于怀疑论式的假设，他希望能通过论证来证明我们不

---

① Chalmers D. Reality+: Virtual Worlds and the Problems of Philosophy. New York: W. W. Norton & Company, 2022: 29.
② 也可译为笛卡尔。
③ 笛卡尔. 第一哲学沉思集. 庞景仁译. 北京：商务印书馆，2009：22.

仅有可能，并且很可能已经是计算机模拟的产物。为了理解他的论证，我们可以先看看当下风行的模拟类游戏。在《模拟人生》(*The Sims*)中，玩家可以模拟一位虚拟人物的一生，而在《模拟城市》(*SimCity*)中，玩家通过一台电脑可以模拟一座城市中成千上万人的生活。人类一直热衷于扩大模拟的规模并提升其智能程度，如果这个趋势得以延续，有朝一日我们也许可以通过计算机对整个文明进行精确模拟。博斯特罗姆论证的关键恰恰在于，如果一个非模拟的智能在技术允许的情况下，倾向于同时运行多个模拟的智能（比如说，一位程序员可以在他的计算机上模拟一个生活着一百万人的城市），那么从数量比例上看，只有极少数的智能生活在非模拟的世界。也就是说，当人类意识到自己拥有智能时，也应该同时意识到，自己的智能有极大概率是其他文明抑或未来人类通过计算机模拟的产物。同时，按照相同的思路，将我们模拟出来的智能自身也有很大可能生活在计算机模拟中。博斯特罗姆认为，这种层层嵌套的关系会指向某种自然主义神学——将我们模拟出来的文明扮演着类似于神的角色，而由于这个文明也有极大概率是模拟的产物，因此他们也可能会被处于更高层面上的"神"所俯瞰[1]。

当然，模拟论证并不试图对我们是计算机模拟的产物提供某种确证。实际上，博斯特罗姆为我们提供了三种可能：

> 我认为，以下三个命题中至少有一个是正确的：①人类种群极有可能在到达"后人类"阶段（post human-stage）前灭绝；②任何后人类文明都不太可能对其进化史（或其变体）进行大量的模拟；③我们几乎可以确定，自己生活在计算机模拟环境中。[2]

如果任何智能都不会通过计算机模拟智能，那么模拟论证的前提就是不成立的。导致智能不去做这点的可能原因有很多，比如所有智能（包括人类在内）都会在掌握模拟技术前由于某种原因灭绝，或者在具备模拟能力的同时意识到由于某些原因（比如伦理上）这么做是不可接受的。虽然模拟论证并不能证实我们一定是模拟的产物，但至少让模拟假设成了一个值得被严肃对待的可能。实际上，随着人类文明一天天地延续以及模拟技术一次次地突破，前两

---

[1] Bostrom N. Are we living in a computer simulation? The Philosophical Quarterly，2003，53（211）：254.
[2] Bostrom N. Are we living in a computer simulation? The Philosophical Quarterly，2003，53（211）：244.

种可能正逐渐被第三种所压倒。

讨论至此,笔者希望已经表明:在证明我们目前所处的物理现实不是一个虚拟现实前,虚拟悲观论者无法一以贯之地坚持他们的核心论点——虚拟现实是无意义的,而物理现实是有意义的。当然,目前许多人将虚拟现实看作生活意义的死敌是情有可原的。笔者猜测,在虚拟现实技术不断发展的未来,这种直觉将会有所改观。然而,一些雄心勃勃的人早早就认定,一旦技术成熟,人们就能在自己制造的虚拟现实中过上相较现在同样有甚至更有意义的生活。下一部分我们将讨论这种乐观论点。

三、对虚拟乐观论的分析

查默斯乐观地认为,至少有四条理由支持我们将在未来的虚拟现实中过上更好的生活。其一,虚拟现实允许我们进行前所未有的体验,比如像鸟一样飞行;其二,虚拟现实可以更好地解决物理世界中的资源短缺问题,比如说,虚拟现实中的土地资源就比地球上的丰富许多,每个人都能拥有自己的别墅和庭院;其三,虚拟世界比物理世界更为安全,甚至可以充当避风港的角色;其四,在虚拟世界中我们的思维将得到增强,每个人都会变得更加聪明和敏锐[1]。

笔者并不否认,体验、资源、安全与思维是绝大多数人实现人生意义所亟须的东西。但当我们想就虚拟现实中的生活展开讨论时,应时刻对自己的论据与虚拟现实这一概念本身的相关性保持敏感。在对体验机的讨论中,我们提到体验机的缺乏分享性等特征并不作为虚拟现实的普遍特征。同样地,查默斯的四条论据也只能表现出某些虚拟现实所具有的偶然属性。没人能保证技术会按照查默斯所设想的方向发展和运用。有学者认为,在由科技巨头或者资本主义政府控制的虚拟现实中同样会充斥着剥削、垄断和集权[2]。虚拟现实也许会沦为用刑或洗脑的工具,运营者或许会将其中的体验设计得极为残酷,资源设置得比物理现实更为紧缺。总之,查默斯所列举的虚拟现实的非本质特征并不

---

[1] Chalmers D. Reality+: Virtual Worlds and the Problems of Philosophy. New York: W. W. Norton & Company, 2022: 320.

[2] 刘永谋,伍铭伟. 元宇宙的技术政治学反思. 贵州社会科学,2023,(6): 5.

能构成对乐观论的决定性支持。

达纳赫同样对虚拟现实中的生活意义持正面观点。他的部分论点——比如虚拟现实有助于乌托邦与崇高的实现——犯了和查默斯一样的错误，但他也试图用一种更巧妙的方式支持在虚拟现实中找寻生活意义的可能。达纳赫提倡用一种更宽泛的视野——他称之为"人类中心视野"（the anthropocentric vision）——来看待虚拟现实。达纳赫认为，虚拟现实不仅指由计算机技术实现的东西：凡是由我们的思想（尤其是想象力）所实现的东西都应该归入虚拟现实的范畴①。由此看来，这种广义的虚拟现实自人类发展出"想象的、象征的思维能力"（capacity for imaginative symbolic thought）开始就一直陪伴着我们，我们也早已将大量时间花费在其中。比如说，当人在发呆抑或做白日梦时，就可以看作是进入了某种虚拟现实；而诸如演员、运动员这类人群更是将自己生活的焦点置于虚拟现实中——前者在舞台抑或荧幕上过着某种"幻想的生活"（fantasy life），而后者则在竞技场上接受一组"建构的、任意的约束"（a constructed and arbitrary set of constraints）。计算机技术的发展会进一步模糊想象和现实之间的界限，但它也只是以一种新方式做我们的祖先一直在做的事情而已。达纳赫认为，由于这项技术"并没有从根本上改变什么"②，因此也不会威胁到人们的生活意义。

达纳赫对虚拟现实的广义定义具有一定的启发性。如果人类早已开始和虚构事物打交道，而进入计算机世界只不过是我们通过想象力塑造世界所达成的诸多成就之一，那么我们似乎就没有理由将处于连续序列上的一环作为生活意义的否决项。这无疑又提供了一条对虚拟悲观论的反对论据。然而，为了支持乐观论，达纳赫还需要额外向我们证明下面这点：人类的技术越是发展，越是有能力模糊想象和现实的界限，就越能过上有意义的生活。但从当今思想家们对技术、现代性等概念的激烈批判中就不难得知，这个"厚今薄古"的论点并非是没有争议的。更重要的是，尽管达纳赫着力强调虚拟现实技术与人类此前诸多成就的连续性，笔者仍认为它们之间存在某种根本性的差别——

---

① Danaher J. Virtual reality and the meaning of life//The Oxford Handbook of Meaning in Life. Oxford: Oxford University Press, 2022: 511.

② Danaher J. Virtual reality and the meaning of life//The Oxford Handbook of Meaning in Life. Oxford: Oxford University Press, 2022: 512.

在虚拟现实中，人类生活中的一个重要的部分会被不可避免地摧毁。

被摧毁的部分与人类对世界的发现活动有关。绝大多数人会认为，像麦哲伦、哥伦布这样的冒险家，抑或牛顿、爱因斯坦这样的科学家们过着十分有意义的生活，他们生活的意义有赖于对未知世界的探索和发现。笔者认为这种意义无法在人造的虚拟现实中得以实现。为了分析这点，我们可以想象一位生物学家正为他在亚马孙雨林里发现的一种新的青蛙而感到雀跃；然而，如果他是在虚拟雨林中发现了一种新的青蛙呢？后者更像是在游戏中收集到了一件装备，他似乎没有理由像第一种情况一样感到满足。

是什么导致了这种区别呢？正如我们在第二部分所讨论的，如果虚拟实在论为真，那么虚拟现实中的青蛙就具有与物理现实中一样的本体论地位。也就是说，我们可以承认它是一只真实存在的青蛙。问题在于，发现活动不仅仅要求被发现的事物是真实的，同时也要求它们是神秘的，也就是此前不被人们知晓。如果虚拟现实是非自然的，它就一定是被某些人所设计的。正如段伟文所分析的，"元宇宙（虚拟现实）本身并不神秘，其实质是由软件代码构造的可编程的世界"[①]。由此看来，虚拟现实中生物学家所"发现"的青蛙抑或物理学家所"发现"的定律，都不过是程序员提前放置在那里的一串代码而已。这未免有些无趣。

鉴于对物理世界的发现活动构成了人类生活意义中十分重要的部分，虚拟乐观论的拥护者需要寻求补救的策略。一种策略是采取体验机式的思路，即用蒙蔽的方式让人们认为自己在进行某种发现活动。这种方法并不令人满意。科学家并不会承认自己在乎的仅仅是发现的主观体验，一个真正做出重大发现的人与一个自认为做出重大发现的人并没有过着一样有意义的生活。另一种策略是，我们可以尝试用计算机模拟物理现实中的神秘性。程序设计者们早已开始尝试用随机算法实现这点。我们现在就可以使用计算机打开一个网络斗地主游戏，程序运行后，我们每一局抓到的牌似乎都不是提前为人所知的。

然而，用随机算法模拟神秘性的策略仍有一些问题。首先，编程的一个常识是，单纯基于算法生成的随机数只能是伪随机数——看起来随机但原则上

---

① 段伟文. 探寻元宇宙治理的价值锚点——基于技术与伦理关系视角的考察. 国家治理，2022，(2)：35.

可被预测的数。真随机数必须伴随物理世界中的某些过程（比如掷色子）才能得以实现。其次，随机算法即使可以在一定程度上保证规律谜底内容的神秘性，却不能模拟规律来源的神秘性。物理现实作为整体的神秘性在于，我们不清楚这个现实的秩序究竟来自上帝（如果模拟假设为真）、一名程序员还是其他什么东西。正如爱因斯坦所说，世界的永恒神秘之处在于它竟然是可理解的[1]。而虚拟现实可被理解这件事一点也不神秘，因为它正是计算机以一种可被理解的方式建构起来的。最后，与物理世界中的神秘性相比，由随机算法塑造的神秘性具有一个重大的缺陷，即它无论如何也无法超越人类既有的知识框架。为了看到这点，我们设想一个抽奖箱里放着标有从 1 到 500 编码的小球。抽取结果对我们来说当然是神秘的，但这种神秘性与如何调和相对论与量子力学的神秘性显然不属于同一类型。对于前者，笔者对结果有大概的预想，无论抽出哪个小球也不那么令人惊讶；而对于后者，笔者甚至无法想象谜底的大致形式，因为它目前处于人类的知识框架之外。我们有理由认为：最令科学家们兴奋的是对后一种神秘性的挑战。

当然，就像当前的人工智能已经彻底颠覆了人类对围棋的认知一样，未来人工智能也许有能力超越随机算法，用我们难以想象的方式创造出一个比物理世界奇妙许多的虚拟现实。作为神秘性的交换，虚拟现实中的人类将时刻处于赛博上帝的规划之中。然而，没有理由相信这样一个不受控的上帝将是全善的。也就是说，虚拟现实中绝对的神秘性即使存在，似乎也要以绝对的安全性作为交换。

四、结　　论

虚拟悲观论者认为，只有基于物理现实的生活才可以是有意义的，生活在虚拟世界只不过是一种对真正现实的逃避。然而，在一种对"虚拟"的现代理解下，"虚拟现实"并不一定指一种非现实。模拟假设认为，所谓的物理现实也是一个基于计算机系统的虚拟现实。随着虚拟现实技术的发展，模拟假设似乎比传统的对外部世界怀疑论更值得被我们认真地对待。模拟论证进一步增

---

[1] Einstein A. Physics and reality//Einstein A. Ideas and Opinions. New York：Crown Publishers，1954：292.

强了模拟假设的力量，有信服力地表明"我们正处于虚拟现实"是一种难以被排除的可能。因此，如果我们坚持物理现实中的生活可以是有意义的，就有理由承认虚拟现实中的生活也可以具有某种意义。

虚拟乐观论者认为未来的虚拟现实可以取代物理现实，人们将在其中过上更好的生活。然而，他们的理由大多基于对某种特定虚拟现实的构想，并不具有普遍效力。乐观论的另一个问题在于，即使我们承认未来的虚拟现实是一个真正的现实，它也会由于缺乏神秘性使得人类的发现活动变得不可能。那些将生活意义寓于探索物理世界奥秘的人可能会在虚拟现实中无所适从。因此，物理现实的意义并不能被虚拟现实所蕴含。翟振明曾在书中反问："如果我们能同时拥有两个世界，为什么偏偏只要其中一个呢？"[1]本文的结论也提醒我们，为了保证意义的完整与选择的自由，我们最好对两种现实都保持善意。

Virtual Reality and the Meaning of Life

Shao Jianfei

(Zhejiang University)

Abstract：Virtual reality refers to a computer-generated reality that is immersive and interactive. Pessimists argue that only life in physical reality holds meaning and that life in virtual reality is merely an escape from true reality. Chalmers' analysis of the semantics of the term "virtual" suggests that virtual reality can indeed be a true reality. At the same time, if pessimists wish to avoid nihilism, they must face the heavy burden of proving that physical reality is not a virtual reality. Optimists believe that future artificially created virtual realities can not only replace physical reality but also allow us to live more meaningful lives. However, the absence of discovery activities in virtual reality highlights the irreplaceability of physical reality. If virtual reality is neither as

---

[1] 翟振明. 有无之间：虚拟实在的哲学探险. 孔红艳译. 北京：北京大学出版社，2007：145.

meaningless as pessimists believe nor as perfect as optimists imagine, in order to ensure the integrity of meaning and freedom of choice, it is best for humanity to treat both types of reality with kindness.

Keywords: virtual reality, meaning of life, simulation hypothesis, virtual optimism

叙事和深部脑刺激的哲学反思

玛瑞娅·谢特曼

（伊利诺伊大学芝加哥分校）

杨 雨 译

摘 要：深部脑刺激在某些情况下与显著的心理影响和/或人格改变有关。这些影响有时表现为术中或刺激器初始设置时的急性变化，有时表现为术后数月内的长期渐进性变化。这些变化有时是治疗的预期结果，有时则是未曾预料的副作用。在以上所有情况下，一些患者和护理人员将 DBS 的心理影响描述为令人恐惧或不安。我追溯这些负面反应的根源，发现是害怕与刺激相关的心理和人格变化会威胁到个体同一性和能动性。这个问题不仅对个人同一性和能动性的哲学理论产生了影响，也对临床关切产生了影响。本文发展了一种对个体同一性的叙事性解释，以此阐明了 DBS 对同一性和能动性可能构成的威胁，并提出了可能采取的步骤以减轻和避免这些威胁。

关键词：深部脑刺激，人格改变，个体同一，叙事

深部脑刺激（deep brain stimulation，DBS）在某些情况下与显著的心理影响和/或人格改变有关。[1]对这些效果的观察，例如，帕金森病（Parkinson's disease，PD）治疗后意想不到的情绪改善，表明了 DBS 作为治疗难治性抑郁症和其他精神疾病的治疗方法的可能性。[2]迄今为止，DBS 在这方面已展现一

---

[1] Egan D. The New Lobotomy？http://thetyee.ca/News/2006/10/26/DBS/[2006-10-26]. Deep Impact: A New Way of Treating Depression（Deep-Brain Stimulation），Economist 374，no. 8416（5 March 2005）.

[2] Lozano A M, Mayberg H S, Giacobbe P, et al. Subcallosal cingulate gyrus deep brain stimulation for treatment-resistant depression. Biological Psychiatry, 2008, 64（6）: 461.

定前景，我们有理由审慎乐观地认为，它可能是治疗精神疾病的又一工具。①然而，也有一些关于这项技术的担忧，认为即使它在某些方面是最有成效的，但患者仍然可能会出现潜在的心理或人格改变。

由 DBS 导致的心理变化引发了一系列问题。有些问题是由精神病患者在术中或刺激器设置初期测试期间出现的急性变化引起的，其症状缓解的速度之快和程度之大看起来要么令人担忧，要么问题重重；另一些问题则是在帕金森病患者身上观察到的长期变化从而引发关切。这两种变化都可以从更直接的临床角度或更抽象的哲学角度来考虑。从临床角度来看，重点在于评估这些术后影响是否与干预的治疗目标一致，或者它们是否属于治疗过程中不必要的副作用或影响。从更抽象的哲学角度来看，问题在于这些变化是否以一种伦理上令人反感的方式干扰了患者的同一性，而不论患者、护理提供者或其亲友如何看待这些变化。在下文中，我将提出这些问题都是相互关联的，并且通过叙事的角度对个人同一性的哲学阐述提供一个框架，用以思考这些问题的性质及其如何解决这些问题。

前两节将探讨在何种情况下使用 DBS 会引发理论和临床问题。第一节重点讨论使用 DBS 的精神病患者有时会出现的术中急性心理变化，而第二节则关注因运动障碍（如帕金森病）而接受 DBS 治疗的患者的长期心理影响。第三部分将介绍个人同一性的叙事性概念，第四部分将说明这一概念如何有助于阐明第一至第三部分中发现的问题。

一、精神病患者经历的急性变化

DBS 最显著也是最令人感到不安的特征之一，就是患者有时会在术中或在刺激器初始设置期间出现急性的心理变化。居伊·德邦内尔（Guy Debonnel）描述了一名患者在刺激器初始测试期间从极度抑郁到突然"大笑、谈论吃牛角面包和去上有氧运动课"的过程。②德邦内尔指出，即使是电极放置位置的微弱变化"也能在几秒钟内改变患者的情绪，即从开怀大笑到心情糟糕"，他还

---

① Lozano A M, Mayberg H S, Giacobbe P, et al. Subcallosal cingulate gyrus deep brain stimulation for treatment-resistant depression. Biological Psychiatry, 2008, 64（6）: 461.
② Egan D. The New Lobotomy? https://thetyee.ca/News/2006/10/26/DBS/[2006-10-26].

补充说，研究人员"*有点害怕*这项技术能如此突然地改变情绪"①。多伦多西区医院的一项研究也报告了一位名叫罗布·马特（Rob Matte）的患者出现了类似情况：

> 当植入（试验对象）大脑的电极一打开，他们就发现了不同。马特先生描述说，房间里的一切都变得更加明亮，色彩似乎更加鲜艳。马特的抑郁情绪如此急剧地消失，以至于让*他自己感到恐惧*——不仅在研究的六个月里，而且在研究结束后的六个月里这种抑郁情绪也都消失了。②

这些反应可能是极端情况，但术中出现急性反应并不少见，而且事实上，正是这些反应被用以设定刺激参数。③

这些案例的有趣之处在于，治疗的即时结果似乎都是积极的；患者的抑郁情绪戏剧性地消散（lift）了。然而，在这两个案例中的反应都被描述为一种恐惧（fear）——第一个案例中研究人员的反应以及第二个案例中患者的反应。我们有必要停下来问为什么会这样。想吃牛角面包和想去上有氧运动课有什么可怕的？或者说突然发现世界变得明亮多彩又有什么可怕的呢？显然，在每种情况下，恐惧反应都与变化的性质有关——变化的突然性，以及这种变化是由对大脑的刺激即刻地和直接地引起的。但这仍然给我们留下了一个问题：为什么这些特征会让这种转变（transition）令人恐惧？毕竟，每个人在进行手术时都相信——或者至少希望——这种转变是手术的可能结果。当然，仅仅因为在场的一些人有恐惧反应，并不意味着这种反应是理性的。然而，我认为这种反应至少是可以理解的，并且它源于对同一性和能动性概念所感知的威胁，而这些概念在西方文化中一直是长期存在且根深蒂固的。因此，我们应该更清楚地认识到这种感知到的威胁的含义，并思考在使用DBS等治疗方法时是否需要认真对待这种威胁；如果需要，又该如何缓解或避免这种威胁。

在一个稍微不同的语境下，我们可以找到一个有效的方法来思考究竟发生了什么，比如医疗干预有时也会产生巨大的影响。彼得·克莱默（Peter

---

① Egan D. The New Lobotomy? https://thetyee.ca/News/2006/10/26/DBS/[2006-10-26]. 作者强调。
② Deep Impact；Treating Depression（A New Way of Treating Depression）（Deep-Brain Stimulation）Economist, 374, no. 8416（5 March 2005）. 作者强调。
③ Mayberg H S, Lozano A M, Voon V, et al. Deep brain stimulation for treatment-resistant depression. Neuron, 2005, 45（5）: 653.

Kramer）在描述他开出百忧解（Prozac）处方后，患者所经历的人格巨变时曾这样说道：

> 当早餐时的一片药丸让你变成了一个全新的人，或者让你的患者、亲戚或邻居变成了一个全新的人，你很难拒绝那样一种确定无疑的感觉，即人的本质在很大程度上是由生物学决定的……药物反应为某些信念提供了难以忽视的证据——关于生物学对人格、智力表现和社会成功的影响——而这些信念是迄今为止我们社会所一直抵制的。[1]

生物学影响人格和情绪的观点不会让任何人感到惊讶。毕竟，这甚至是笛卡儿关于心理生活的论述中的一部分。然而，在那些因使用百忧解而导致患者心理生活的基本方面发生根本性和迅速变化的病例中，这一事实的影响就显得尤为突出。一个人的心理特性有可能被化学手段所改变，这就提出了一个问题：如何才能把自己视为一个自主的、自我导向的存在呢？在一些对 DBS 刺激产生急性反应的案例中，这种对我们是什么的传统观点的威胁表现得更为鲜明和强烈。

哲学家托马斯·内格尔（Thomas Nagel）用抽象、笼统的术语描述了笔者在这里指出的挑战。内格尔认为，许多最为深刻的哲学难题都源于这样一个事实：我们能够从第一人称的角度抽象出来，并从客观的角度审视自己。一旦我们将自己视为更广泛的因果链的一部分，"作为行动者和道德判断对象的自我，就会由于其行为和冲动被纳入事件的范畴而面临解体的威胁"。从决定论的角度来看，"负责任的自我似乎消失了，它被纯粹事件的秩序所吞噬"[2]。因此，情绪、人格和心理生活其他方面的生物学基础给我们留下了如下问题，即对人类的生物学理解是否或如何为传统理解的自我或行动者（agents）留有余地。

当然，这个问题并不是随着 DBS 的使用才产生的；它几乎与对人性本身的反思一样古老。然而，在使用 DBS 的某些情况下，上述问题可能会以一种特别紧迫和不可否认的方式出现。原因有二：首先，在引起这种反应的情况

---

[1] Kramer P. Listening to Prozac: The Landmark Book About Antidepressants and the Remaking of the Self. New York: Viking, 1993: 18.

[2] Nagel T. Mortal Questions. New York: Cambridge University Press, 1979: 36.

下,患者体验到的变化被视为一种全面的心理变化——不仅仅是某种状态或态度的差异,而是一种无论从第一人称和第三人称视角都显而易见的、截然不同的世界体验;其次,这种变化是通过一种至少看起来相对简单的因果链立即发生的。虽然实际的机制可能非常复杂且并不完全为人所知,但那些对此感到担忧的人(如前面的例子所示)将这种情况描述为,某人在"按下开关"后立即发生的变化。正是这第二个原因使得人们很难将这些变化视为患者自己的意愿或努力的产物。相反,观察者和患者都很自然地将患者视为受到物理力量作用的被动客体。结合第一个特征(这种通过机制方式改变的特征被认为是自我的整体和核心特征),关于自我和能动性的问题在内格尔的理论反思中以一种更有力和更实际的方式呈现。这不再是推测性的科幻小说,而是现实。

这里考虑的那种急剧变化并不是在每次使用 DBS 时都会发生,也不会总是产生恐惧或疏离(alienation)反应。尽管如此,出现这种反应的案例还是同时引发了理论和临床问题。在理论方面,这些案例引发的问题是:是否存在一种可行的方式,可以连贯地维持自我和行动者的传统概念内涵中的某些部分?在临床方面,我们意识到一些患者即使在治疗取得积极效果(如抑郁症的显著缓解)的情况下,也可能将其视为对同一性和能动性的威胁,从而感到疏离。因此,找到预测这种恐惧或疏离反应何时发生并在可能情况下避免这种反应出现的方法十分必要。对每个问题的考虑都有助于解决另一个问题。临床研究结果可能会为我们提供一些线索,帮助我们了解患者是如何在发生剧烈变化的情况下仍能从容地(gracefully)保持自我意识和能动性的。这可能也提出了一个更概括性的观点,即我们如何在神经心理学不断发展的基础上来制定(formulate)这些概念;同时,一个关于如何将自我和能动性纳入自然主义框架的理论阐述,则可以为我们提供一些线索,告诉我们如何以一种对患者自我意识威胁程度最小的方式来建构治疗干预。

二、运动障碍患者所经历的长期变化

DBS 的临床反应不仅表现为急性变化,往往还涉及长期的、渐进性的变化。一项研究报告指出,就患者的情绪改善而言,治疗效果在六个月时达到平稳状态。[1]虽然对于显著的心理变化来说，六个月时间仍然相对较短，但这种更为渐进性的变化不足以像急性变化那样对患者的同一性造成如此大的威胁。然而，从使用DBS治疗帕金森病的数据来看，在某些情况下，DBS带来的长期变化也会产生一些问题；即使（或特别是）当它达到预期的治疗效果时，这些问题也可能被视为是对同一性的威胁。

舒普巴赫（Michael Schüpbach）及其同事描述了接受DBS治疗帕金森病后症状改善的患者报告的各种适应问题，并指出："在帕金森病患者的疾病症状的显著改善和患者因为无法恢复正常家庭和社会生活而感到意料之外的不满之间，常常存在一种反差。"[2]他们确定了导致患者不满意的六个因素。其中有三个对于当前的讨论尤其重要。其一，66%的患者表示"术后对自己有一种不熟悉甚至陌生的感觉"（"我感觉不再像我自己了""术后我再也找不到自己了"）。[3]其二，"意识到慢性进行性疾病的影响"，48%的患者报告说，突然的改善似乎类似于"第二次出生"。[4]其三，尽管时间范围较长（随访于18至24个月内完成），20%的患者报告了与上一节中描述的变化机制相关的各种担忧（"我感觉像个机器人""我感觉像个电子娃娃"）[5]。此外，一些患者遇到了婚姻困难，这似乎与恢复健康后的夫妻关系的变化有关。在某些情况下，患者抗拒他们的配偶，"因为他们不再需要照顾者"[6]。在其他情况下，配偶很难适应症状改善后的患者新近获得的独立性[7]。患者还经历了职业困难，有时是无法集中注意力，有时则与失去兴趣有关。

面对以上种种困难，给出一种单一的、简单的解释是不太可能的。舒普巴

---

[1] Lozano A M, Mayberg H S, Giacobbe P, et al. Subcallosal cingulate gyrus deep brain stimulation for treatment-resistant depression. Biological Psychiatry, 2008, 64 (6): 465.

[2] Schüpbach M, Gargiulo M, Welter M L, et al. Neurosurgery in Parkinson disease: a distressed mind in a repaired body? Neurology, 2006, 66 (12): 1813.

[3] Schüpbach M, Gargiulo M, Welter M L, et al. Neurosurgery in Parkinson disease: a distressed mind in a repaired body? Neurology, 2006, 66 (12): 1813.

[4] Schüpbach M, Gargiulo M, Welter M L, et al. Neurosurgery in Parkinson disease: a distressed mind in a repaired body? Neurology, 2006, 66 (12): 1814.

[5] Schüpbach M, Gargiulo M, Welter M L, et al. Neurosurgery in Parkinson disease: a distressed mind in a repaired body? Neurology, 2006, 66 (12): 1813.

[6] Schüpbach W M, Agid Y. Psychosocial adjustment after deep brain stimulation in Parkinson's disease. Nature Clinical Practice Neurology, 2008, 4 (2): 58.

[7] Schüpbach W M, Agid Y. Psychosocial adjustment after deep brain stimulation in Parkinson's disease. Nature Clinical Practice Neurology, 2008, 4 (2): 58.

赫和阿吉德（Yves Agid）特别强调，不应排除丘脑底核（subthalamic nucleus，STN）（DBS 的一种类型）刺激的直接作用。[①]然而很显然，至少在某些情况下，这些变化被患者及其亲近的人视为同一性的变化。存在上述困难的患者感觉不像自己——他们发现自己的同一性、动机和人际关系比他们意识到的更深地与其疾病相关联——因此，他们对如何继续自己的生活有些茫然。有时，他们也会感到与自己的决策脱节，感觉自己像个机器人或没有人性。这些对 DBS 引起的长期变化的反应再次引发了理论和临床问题，而更宽泛的理论关注点在于 DBS 是否有可能以一种伦理上令人反感的方式威胁或改变了同一性。临床问题则在于如何能够避免这些适应上的困难。鉴于这些问题的复杂性，舒普巴赫和阿吉德认为需要采用多学科方法来理解和缓解这些心理困难。[②]

三、叙事和同一性

哲学可以为我们提供一个理论框架来理解我们上述的各种现象，从而为解决前两部分所描述的问题做出多学科的努力。如前文所述，在某些情况下，DBS 可以被视为对同一性的威胁。但"同一性"究竟是什么？它以什么具体方式受到威胁？这种威胁又意味着什么？思考同一性的一个标准方式是将其视为定义真正自我（true self）的核心或关键心理特征的集合。因此，DBS 对同一性的威胁被构想为涉及这些真正自我特征的减少或消除。根据这一理解，在急性变化的情况下，DBS 通过削弱（undermining）作为具有核心心理特征的行动者的基本自我感来威胁同一性；而在长期变化的情况下，它则通过改变人格（personality）的核心心理特征来威胁同一性。

然而，笔者认为，这种传统图景并不是思考我们以上所讨论的同一性中最有帮助的方式，并且对如何避免同一性的威胁几乎没有提供指导。在过去的几年里，从叙事的角度来理解个体同一性和自我性（selfhood）越来越受欢迎。[③]

---

① Schüpbach W M, Agid Y. Psychosocial adjustment after deep brain stimulation in Parkinson's disease. Nature Clinical Practice Neurology, 2008, 4（2）：59.
② Schüpbach W M, Agid Y. Psychosocial adjustment after deep brain stimulation in Parkinson's disease. Nature Clinical Practice Neurology, 2008, 4（2）：59.
③ 关于叙事观的一些重要调查研究，请参阅笔者在《自我手册》（*Handbook of the Self*，牛津大学出版社）中的"叙事自我"一章。

尽管叙事观有很多版本，它们在重大细节上存在显著差异，但对我们的研究目的而言，其理论重叠点才是重要的。根据叙事观，自我本质上并不直接与定义特征相关，而是与我们如何用叙事术语来理解自己和他人的能力相关。我们作为自我——并建构同一性——是因为我们以叙事的方式经历并以此生活。要了解这种观点的合理性，重要的是首先要明确它没有主张什么。首先，这并不是说我们有意识地建构我们生活的叙事，也不是说我们明确地向自己或其他人讲述自己的人生故事。而是说，随着我们的成长，我们开始将自己视为在时间上延伸的主体，其历史影响着现在，而我们当前的环境和选择将对未来产生影响。因此，我们在不断发生生活故事的情境下体验发生在我们身上的事情。

文章的基本要点就这么简单：中乐透对于拥有六个孩子的失业父亲、一个不需要钱但因无法抗拒诱惑而买了彩票的康复中的赌博成瘾者，以及一个希望赢得奖金来创办一个帮助贫困儿童的非营利组织的年轻理想主义学生来说，都是不同的经历。这种差异来自每个人背后不同的持续不断的生活叙事。在每种情况下，中乐透都有不同的意义和性质。需要明确的是，叙事观并不要求我们的生活具备小说或其他虚构叙事的结构。大多数情况下，生活比虚构叙事要混乱得多、复杂得多。生活通常没有宏大的主题或条理性的情节发展，且涉及各种偶然性和意外，而这些在人为建构的世界中是可以避免的。叙事观允许我们生活故事中存在这种混乱，并不认为我们对生活的体验必须被强行纳入小说的格式。

在这一点上，我们可能还不清楚断言我们的生活和自我理解在形式上是*叙事*的意味着什么。对这个问题的回答对于我们分析 DBS 和同一性问题至关重要。人类自我的叙事本质最好不是通过与小说的比较来理解，而是通过与非叙事历史的对比进行理解。对于任何物体，原则上我们都可以提供一个编年史，记录它在空间和时间中的轨迹，以及由作用于它的物理化学力量而导致的状态变化。但从相关意义上说，这还不是一个*故事*。一个故事涉及人的目的；可以实现或受挫的目标和计划；根据环境发展和变化，并约束行动的情感、信念、价值观和欲望；与他人的复杂关系。正是凭借这些要素，我们成为在此意义上拥有了*同一性*的*自我*。

因此，大致来说，我们的自我理解是叙事性的，因为它们根据上述要素来描述和解释发生在我们身上的事情。生活故事的逻辑不同于与物理历史的逻辑；这些要素之间的关系也不尽相同。当然，要充实这一观点还需要更多补充，但这里不再赘述。[1]通过这一非常简要的概述，我们已经可以从叙事同一性的角度来探讨 DBS 对同一性和自我性构成的威胁。

四、叙事和 DBS

根据核心特征或承诺来定义同一性的传统观点提供了一种有关自我和同一性的静态图景。相比之下，叙事观将同一性置于心理变化的动态图景之中，这使得叙事观作为思考有时伴随 DBS 发生的心理变化的框架特别有用。首先，它为我们描述 DBS 可能引发的同一性威胁类型提供了一种直接的方式。根据叙事方法，对自我性或同一性的威胁源于生活叙事流程的中断，而解决这一威胁则在于对叙事线索的修复。在 DBS 刺激器的初始测试过程中，患者有时会经历急性变化，并通过变化的速度和方式来扰乱患者的个人叙事。DBS 所带来的心理变化是如此深刻，发生得如此之快，以至于它们似乎可以中断一个叙述（一个抑郁者的故事）——并开始一个新的叙事——一个快乐者的故事。我们的生活故事通常不会涉及在一瞬间从无精打采和缺乏兴趣转变为充满活力并准备迎接世界的感觉。如此突然而彻底的转变需要一个解释。但在这里，唯一合理的解释是这种变化是通过直接刺激大脑而产生的。正如我们在上一节中所探讨的，这种机制式的解释似乎更适合用于记录物体的编年史，而不是个人叙事，因而以另一种方式使自我性和同一性的概念变得更加复杂。

一些帕金森病患者所经历的长期适应困难也可以用叙事性的术语来描述。如前所述，根据叙事学观点，生活叙事首先并不是一个人讲述自己的故事，而是一个人在体验自己的世界和与他人互动时所经历的故事。患者症状改善后在生活中可能面临的一系列问题，可以理解为是 DBS 带来改变后，患者如何重拾并续写自己的生活故事的问题。疾病曾给患者带来动力或目标感，但当症状消失后，他们可能不知道自己现在该做些什么，也不知道如何安排自己的活动。围绕疾病建立起来的人际关系可能会破裂，职业目标也会

---

[1] 笔者在《自我的构成》(*The Constitution of Selves*)（康奈尔大学出版社，1996 年）中提供了一个成熟的叙事观。

改变。一般来说，出现适应困难的患者似乎很难将治疗后的生活视为治疗前生活的延续，因此他们发现自己必须重新塑造（reinvent）自己。而"第二次出生"的隐喻虽然意味着新的开始，但也意味着失去了旧有的同一性。

以叙事术语来理解同一性相关问题，也提出了一种帮助克服这些困难的方法。如果DBS对同一性和自我性的感知威胁是来自患者叙事的中断，那么就可以通过旨在帮助患者保持叙事完整性来避免这些威胁。由于叙事是一个动态的概念，叙事的连续性完全可以与患者相当彻底的变化（radical change）相容。重要的是，这种变化能够被理解为连贯的个人叙事的一部分，总体而言，患者及其亲友能够将这种变化视为患者自我表达和自我引导的叙事。所需支持的确切性质因人而异。有些患者可能只需要很少的支持，因为他们能够自发地保持叙事的连贯性，或者因为他们拥有允许他们这样做的社会和环境的支持，抑或因为他们对相当松散的叙事结构感到舒适。[1]不过，我们可以就可能有效的方法提出一些一般性的观点。

在急性变化的情况下，DBS对同一性存在威胁的感觉很大程度上来源于变化时刻的异常性质——变化的速度及其方式。然而，叙事观提醒我们，生命中的时刻并不是孤立发生的，而是一个更长的持续故事的一部分。如果我们只关注最初刺激的发生和随之而来的情绪急剧变化的短暂时间跨度，我们确实会看到一种叙事的不连续性。然而，如果我们采取更广泛的视角，我们可以将这段时间视为一个正在进行的故事的连贯部分——例如，这个故事是关于一个与抑郁症做斗争的人的，他尝试了多种治疗方法都没有成功，但他决定尝试DBS，也许有些惶恐，也许怀揣很大的希望。这种变化发生的最直接原因可能是大脑受到的直接刺激；也可以理解为，它是由患者希望摆脱抑郁症以及愿意接受这种治疗所引起的。这样，我们就可以从患者生活中的特定目标、计划和关系的角度来描述，那些因为抑郁症而无法按照自己的意愿充分追求自己生活的患者的变化。因此，长期的叙事视角使得近期看似叙事中断的情况可被视为连续的、自我表达的生活叙事的一小部分。

长期的适应问题可以通过帮助患者及其亲友将其症状显著改善后的生活视为他们之前生活的延续来解决。前述报告的问题似乎常常表明，患者及其亲

---

[1] 关于不同的人在他们的生活中需要不同程度的叙事连贯性这一事实的讨论，参见 Strawson G. Against Narrativity. Ratio, 2004, 17（4）: 428-452.

友并没有意识到疾病在其个人生活叙事中所扮演角色的深度。患者惊讶地发现,他们的日常活动的很大一部分是围绕着处理疾病展开的;或者他们与他人的关系(无论是个人关系还是职业关系),在很大程度上是围绕着他们的疾病组织展开的。当这种疾病的核心地位消失时,他们对如何继续治疗感到困惑。这表明,在治疗前与患者及其家属合作,预测没有症状生活的细节,并提前建构一个关于他们将如何继续生活且可以将其视为表达持续的自我的故事,可能会有很大的帮助。当然,生活并不一定保证会像他们所设想的那样,这一点必须明确。然而,关注患者目前生活中的特定目标、计划和关系如何在治疗后继续的细节,将为患者提供一些资源,使他们向前展望,从而在术后"重新找回自我"。

更一般地说,叙事方法鼓励以长远的眼光看待人生,以便将剧烈变化或异常情况的时刻纳入正在进行的故事中,找到一种方法将潜在的不连续性重新融入生活叙事中,而不是让它们扰乱人生叙事。舒普巴赫等人讨论的一个案例就很好地例证了这种解决同一性威胁的方法(以及它可能采取的各种形式)。其中就有一位女性报告说,当她知道自己的大脑里有一个电子装置时,她对自己的活动感到了疏离,但"她最终很好地应对了这一问题,并将显示自己胸片的刺激器做成了一件艺术品"①。虽然起初这位女性感到她的装置威胁到了她的自我,但通过对该装置采取积极的态度,并将其纳入艺术自我表达的时刻,该患者最终找到了将其视为自己一部分的方式。

叙事保护和修复措施的具体细节必须根据个人情况来确定。但是,从叙事角度来理解叙事威胁和对这种威胁可能采取的防范措施,可以为某些DBS病例提出的理论和临床问题提供一些启示:它可以通过提供一个整体图景,来帮助解决理论上的挑战,说明即使在患者突发且显著的心理变化(即使是技术机制引起的)中,同一性也能维持;它还有助于应对临床挑战,提出通过与患者进行术前和术后合作,帮助患者建构和维持连贯的有关变化的叙事,以此缓解或避免潜在的困难。总之,DBS确实会通过威胁叙事对同一性构成威胁,但我们没有理由认为这种威胁一定会实现。

---

① Schüpbach M,Gargiulo M,Welter M L,et al. Neurosurgery in Parkinson disease:a distressed mind in a repaired body? Neurology,2006,66(12):1813.

Philosophical Reflections on Narrative and Deep Brain Stimulation

Marya Schechtman

(University of Illinois at Chicago)

Abstract: Deep brain stimulation (DBS) has in some cases been associated with significant psychological effects and/or personality change. These effects occur sometimes as acute changes experienced intraoperatively or during the initial setting of the stimulator and sometimes as longer term progressive changes in the months following surgery. Sometimes they are the intended outcome of treatment, and in other cases they are an unintended side-effect. In all of these circumstances, some patients and caregivers have described the psychological effects of DBS as frightening or disconcerting. I trace the source of these negative reactions to the fear that stimulation-related psychological and personality changes represent a threat to personal identity and agency. This issue has implications both for philosophical theories of personal identity and agency and for clinical concerns. A narrative account of personal identity is developed to illuminate the nature of the threat to identity and agency DBS potentially poses, and to suggest steps that might be taken to mitigate and avoid these threats.

Keywords: deep brain stimulation (DBS), personality change, personal identity, narrative

智能技术的伦理与治理
Ethics and Governance of Intelligent Technology

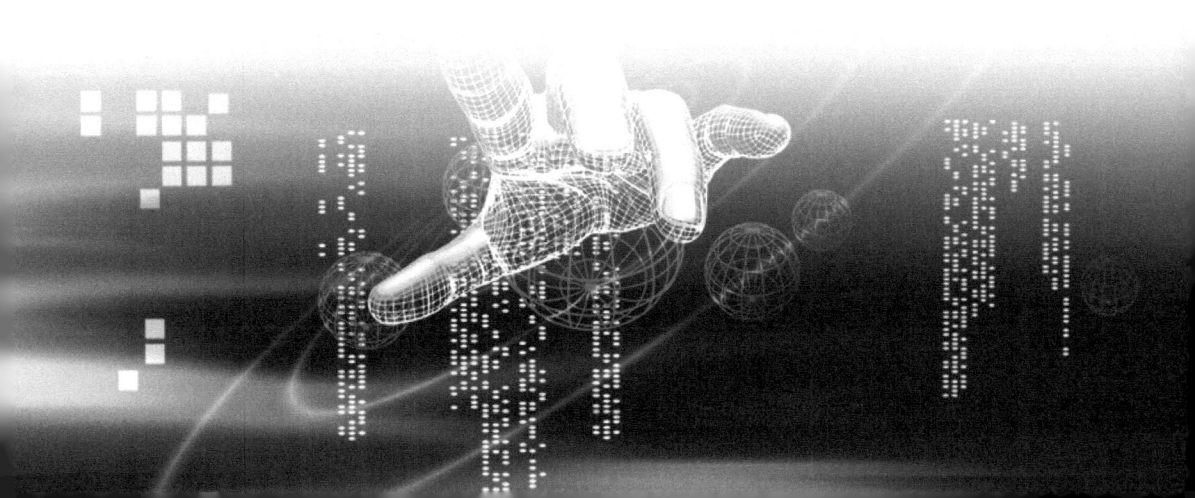

智能革命引发的伦理挑战与风险*

成素梅

（上海社会科学院）

摘　要：社会的数字化转型发展所塑造的共享意识颠覆了建立在所有权意识基础上的经济伦理假设。智能机器和人造能动者的广泛应用对劳动伦理提出了挑战。算法等技术对人的无形劝导与操纵、人的身体技术化和精神技术化，对公平公正、自主自愿等原则的适应性提出了挑战。这些发展也蕴含了新的伦理风险：使得像私人空间和公共空间等有效的区分变得模糊起来，使得认知实践成为伦理实践，使得问责成为将认识论、伦理学和本体论关联起来考虑的新话题。我们的行动、感知、意图、道德等已经与当代信息技术内在地交织在一起，新的伦理框架的构建需要建立在关系自我、共享意识、休闲式劳动、颠覆各种二分观念的基础之上，这也同时开启了"人之为人"的第二个过程。

关键词：数字世界，双向赋智，人造的能动者，认知的责任，人之为人

智能革命泛指以人工智能技术为标志的当代技术（如量子信息技术、芯片技术、神经工程技术、基因编辑技术、纳米技术、网络技术、大数据技术、深度学习技术、区块链技术等）所带来的革命，通常也被称为第四次技术革命。它在总体上以信息化、网络化、数据化和智能化为特征，正在使人类文明的发展从工业化文明转向智能文明，对建立在人与工具、劳动与休闲、主体与客体、

---

* 基金项目：本文是国家社科基金重大项目"负责任的人工智能及其实践的哲学研究"（编号：21&ZD063）和"伦理学知识体系的当代中国重建"（编号：19ZD033）的阶段性成果，是上海社会科学院第二轮创新工程项目的研究成果。

私人空间与公共空间等二分观念以及实体自我和所有权意识基础上的伦理假设提出了挑战。同时，它又蕴含着一系列新的伦理风险。科学、技术、伦理都是时代发展的产物，科技力量越强大，机器越智能，经济社会发生的变化就越大，引发的伦理问题就越多；并且，与人的身体越相关，越直达人性，传统伦理框架就越难以应对。这本身不仅是需要解决的问题，而且是必须克服的风险。这正是各国纷纷出台人工智能伦理指导意见的原因所在。就方法论、路径而言，用关于人类文明未来的思考制定当代科技发展战略、从一体化的视域来建立适合智能文明的伦理框架，不仅是一个建设性的目标，更是应对智能革命引发的伦理挑战及其风险的有效方式之一。本文聚焦数字化转型、智能化发展和技术会聚三个层面来揭示智能革命所带来的伦理挑战及其伦理风险，并潜在地论证建立关于人类文明未来发展趋向的伦理学框架的必要性与现实性。

一、数字化转型的伦理挑战与风险

随着社会数字化转型的快速发展，人类文明已经进入数据-信息流变的时代。或者说，数据-信息流变替代工业化时代的物质-能量流变成为指数式增长的新资源。数据-信息流变具有的共享性特征，不仅具有解构传统思维方式和经济活动方式的能力，不断创造出新型的数字化服务，改变着利益相关方的角色认知，重塑着新时代的思想观念，激发了数字世界里全要素之间的互动创新；而且形成了新的思维方式，颠覆了基于工业文明提出的经济伦理假设。

工业文明主要以物质-能量流为资源[①]，且随着前三次技术革命的展开，人类文明从过去的人力和畜力时代发展到机器时代，这极大地提高了劳动生产率，推进了人类物质文明发展的进程。但是，由于物质-能量的消费具有地域性、消耗性、排他性、不可持续性等特点，因而不仅是不可持续的，还形成了建立在实体自我和所有权意识基础上的思维方式和经济伦理框架。

与物质-能量的消费的不可持续性相比，在社会的数字化转型过程中，数据-信息的消费则具有超时空性、共享性、相互性、永久性、跨域性以及迭代利用等特点。这些特点决定了建立在数据-信息流基础上的智能革命潜藏着无

[①] 尤瑞恩·范登·霍文，约翰·维克特. 信息技术与道德哲学. 赵迎欢，宋吉鑫，张勤译. 北京：科学出版社，2014：18.

限的可能性，最终成为使用者、视域、对象、环境等要素相互作用过程的产物。一方面，数据-信息流不会因为被使用与交换而降低其价值，反而是越被使用和交换越能迭代出新的价值；另一方面，不同的使用者会从同样的信息-数据流中挖掘出不同的价值，从而揭示出人的创新性与想象力的重要性。

从经济活动方式来看，当基于数据-信息流的知识生产者之间的合作关系越密切，合作共赢就越会成为智能文明时代的发展观，共同的创造性成果也越会成为共有财产。知识生产者之间共同享有数据与信息的行为方式和行动准则，最终会颠覆工业时代盛行的占有的价值理念，从而使人们越来越淡化竞争意识，确立共享意识，即从追求占有转向追求共享。当这种共享理念完全渗透到人们的行事风格和思维习惯中时，就会进一步颠覆工业文明时代所推崇和固化的所有权意识，从而导致人类思维方式的逆转：从占有性和排他性的思维方式逆转到相互性和共享性的思维方式。

这种思维方式或意识的起源可追溯到远古时代。人类在食物采集时期为生存而斗争时，自然而然地形成了以部落或家庭为单元的协作式团体生活方式，这已经蕴含或体现了一种朴素的共享性思维。但是，自从人类进入农业文明和工业文明时代，共享意识逐渐地被所有权意识所取代。如果说，远古时代的共享意识所体现的是人类为了抗击自然灾难和安全地生存下来所形成的以分工合作为主的互助式生活方式的话，那么，当代信息与通讯技术的迅猛发展所形成的人类能够共享数据、信息、知识和技能的经济合作模式则不仅是对"公司和个人关系的重要变革"[1]，而且充分暴露了工业资本主义经济的内在脆弱性。[2]

共享性思维或意识不是追求垄断式的单一发展或独自发展，而是追求多元化的共同发展，重视交互过程中新价值的涌现。这是因为，如果人们共同占有资源的成本相当于一个人占有资源的成本，那么，资源的独占反而变成了一件不再合乎道义的事情。而当人们在经济活动中普遍地用共享意识替代长期以来信奉的所有权意识时，就颠覆了建立在所有权意识基础上的价值观念和经济伦理假设，内在地发出了迫切需要重塑建立在关系自我和共享经济基础上的经济伦理框架之号召。

---

[1] 罗宾·蔡斯. 共享经济：重构未来商业新模式. 王芮译. 杭州：浙江人民出版社，2015：20.
[2] 罗宾·蔡斯. 共享经济：重构未来商业新模式. 王芮译. 杭州：浙江人民出版社，2015：65.

另外，从个人的数据-信息安全性来看，当搜索引擎成为我们在日常生活中获取信息的必要工具或公共用品时，与此相关的科技公司的营利模式就不再取决于用户的直接消费，而是取决于用户在免费使用或浏览过程中自然而然地留下的数据-信息。或者说，它们将用户的数字行为踪迹变成可供利用的、具有商业价值的信息资源，来变相地获取利润。因为不仅用户的搜索行为提供了广告商渴望得到的市场营销信息，而且科技公司还可以通过在网页上加注相关的广告提示等，来"出售"用户宝贵的注意力。当广告商和科技公司越来越依靠购买用户的注意力和个人消费偏好等行为数据-信息来营利时，用户的注意力和行为数据就被潜在地"货币化"了。

在这种情况下，当技术无法保证匿名承诺时，当政府或组织通过获得个人的数据-信息达到管理的目标时，当公司通过收集用户的行为数据来获利时，用户在数字世界里的所作所为已经使其成为透明者或全景开放者，因而潜在地丧失了隐私权，无意识地放弃了对会留下永久性数据痕迹的个人信息之所有权，由此也带来了身份盗用、网络欺诈、病毒攻击、数字技术滥用，以及违背程序正义、侵犯个人权利等不同等级的伦理风险乃至违法风险。

这样一来，在纷繁复杂的数字世界里，人们为了维持和提高生活品质，始终扮演着双重角色，即"注意力的消费者和注意力的吸引子"。[①]这不仅表明，抢夺人的注意力和重视视觉营销艺术变成了当代商业活动最基本的逻辑；而且表明，互联网已经成为人的外在大脑，并成为人的生存背景，人们很容易只关注自己在大众数字领域内所引起的关注度，根据网络上的追随者、信息的转发率、点赞数等人气指标来衡量自己的在线等级，最终在网络空间里塑造了淡化求真意识、助长炒作式和标签化评判行为的不良甚至有害氛围。特别是，当个人的行为选择被打上集体行为的烙印时，我们越来越难以在"被给予"的行为和"被构造的"的行为之间做出明确的区分。这也是在新冠疫情期间，辟谣成为最重要的公共事件之一的主要原因。

然而，尽管我们承认，每个人的在线行为都具有自主性、能动性和自由选择权，但是，如何阐明和确立在数字媒体领域内的一系列规范与价值，却并非只是个人的问题，而是一个结构性的问题。当前，即使在世界范围内，公司和

[①] 莎拉•奥茨. 走向在线权利法案//卢恰诺•弗洛里迪. 在线生活宣言：超连接时代的人类. 成素梅，孙越，蒋益，等译. 上海：上海译文出版社，2018：311.

政府在获取个人信息方面所做的努力，远远超过了它们在保护个人权利方面所做的努力。公司和政府并没有明确地告知用户，它们如何通过对个人的数字跟踪和利用其行为数据来建立个人的数字档案：用人单位将求职者的网络行为作为录用与否的重要参考因素、美国斯诺登事件、新冠疫情期间各种数字码的滥用或误用等都是典型事例。这些做法虽然体现了集体需要大于个人需要的逻辑，但也在某种程度上瓦解了正当性和客观性的立场。

因此，人类社会的数字化转型，首先会改变经济领域内的游戏规则，成为变革社会和更新观念的巨型加速器；其次还会深刻地影响人的思想本质。这进一步揭示，当代社会与科学技术发展的联系高度紧密，且已经形成了科学-技术-社会交织互动的复杂系统。或者说，我们的行动、感知、意图、道德等方面已经与当代信息技术内在地交织在一起，从而使曾经有效的区分变得模糊起来：实在世界与虚拟世界的边界、人类与非人类的边界、私人空间与公共空间的边界，乃至理论伦理学研究与应用伦理学研究的边界都越来越模糊。在这种情况下，如何为借助当代科技的深入发展来促进社会的数字化转型提供行动纲领，如何重建更具有可操作性的问责机制等，就成为当代伦理学研究的时代命题。这一点在智能化发展过程中显得尤其重要。

二、智能化发展的伦理挑战与风险

智能时代的深化发展，将人类追求自动化发展的进程从物质生产的自动化拓展到知识生产的自动化，将技术的力量从解放人的双手拓展到部分地解放人的大脑，从增强人的肢体和感知能力拓展到提升人的研究能力，从创造有形的物质产品拓展到创造无形的精神产品，从改造自然拓展到改造文化等。这些拓展不仅意味着，普适计算已经成为嵌入在我们生活中的一项无形技术，成为我们获取信息的重要关口，而且意味着，智能化发展最终将会把人类从单调的、重复性的、机械性的、程序化的体力劳动和脑力劳动中解放出来，为人类能够专注于从事具有个性化的、创造性的、富有乐趣的和受内在兴趣所驱动的休闲式劳动或活动提供了现实的可能性。

然而，问题在于，当人类从被迫劳动中解放出来时，并非必然意味着每个人都有能力选择由兴趣引导的健康且有意义的休闲式劳动或活动，来安顿自己的心灵或追求负责任的自我成长。历史地看，从事被迫式的劳动而发展经济是人类自古以来的一个核心目标。如果说，解决经济问题已是对人类智慧的严峻考验的话，那么，自觉地提升自我精神境界，实现健康的休闲并真正拥有内心幸福则是人类达到温饱状态并拥有大量的自由时间之后迫切需要养成的自觉意识。因此，解决休闲和幸福的问题是对人类智慧更加严峻的考验。

特别是，当我们依然囿于长期以来形成的传统思维方式，将劳动看成是被迫的，将休闲时间看成是劳动之余的自由时间，以及将休闲活动等同于吃、喝、玩、乐、观光旅游等活动时，我们的教育和社会制度在很大程度上就是围绕培育劳动技能而不是提高休闲能力展开的。在这种情况下，一旦我们从劳动中解放出来，拥有充足的自由时间，而我们所在社会的文化和教育等各个方面却还没有为我们如何健康地利用自由时间做好充分的准备，就有可能导致很多比物质短缺问题更加难以解决的精神空虚问题。

因此，我们必须在文明转型初期前瞻性地开启新的征程：从劳动伦理拓展到休闲伦理，转而重新塑造劳动和重新理解"休闲"。从休闲哲学的视域来看，劳动与休闲并非必然是排斥关系，而是具有交叉性的融合关系。休闲含有"教养"之意，休闲活动或休闲式劳动是由内在于活动或劳动本身的动机所指引的，追求沉浸于活动或劳动过程之中，享受由此激发出来的创造性与意义感。正是在这种意义上，J. 皮普尔（J. Pieper）认为，休闲是放手的能力，是与自然相交融的能力，是恢复人性和找回人之尊严的途径。[①]如果我们接受关于休闲的这种理解，那么对休闲伦理的建构就对传统的劳动伦理及其制度体系提出了巨大的挑战。

但是，人类从劳动伦理转向休闲伦理并非是一蹴而就的事情，更不是必然会达到的阶段，而是需要经过长期的精神洗礼、心灵历练乃至人性反思的过程，或者说，需要经历社会转型的阵痛过程。智能革命的深化发展，要么无情地摧毁人的心灵，要么创造性地使人类重生。这是因为，在科学-技术-社会高度联系的系统中，当人类希望通过智能革命来获得普遍的劳动解放时，就已经在人与工具之间预设了一类新型实体的存在：有形和无形的智能机器。智能机器具有二重性：工具性和类人性。这意味着，人类首次拉开了人与机器双向或

---

① Pieper J. Leisure, The Basis of Culture. Indianapolis: Liberty Fund, 1999.

彼此赋智的帷幕，即人通过算法等技术以及人与机器的交互作用赋智于机器，而有形和无形的智能机器则以其独特的数据挖掘与信息处理能力赋智于人类。

从理论上来讲，这种趋势将会把人机关系从工业化时代的对立和排斥关系转向合作关系乃至融合关系，并且重新把人的主导作用贯穿于智能机器的功能设计、任务训练及其与环境实时互动等各个环节，从而更加全面地彰显人的创造力与想象力，使人更像人，使机器更像机器，而不是相反。人类智能与机器智能的相互叠加与彼此强化，不仅突显了人类智能与机器智能的互补性，使机器成为人的得力助手，体现出以人机团队联合作战的方式来完成各类任务的优势[1]，而且使人类具有了过去无法获得的全新能力，使数据、信息、知识与专业技能超越"资本"成为经济发展的核心力量；同时，也使机器具备了从前无法具有的环境感知能力和认知能力，乃至涌现出被尊称为"网络科学家"或"机器科学家"的认知主体。[2]

但在具体的实践过程中，这类人工或人造的能动者（agent）具有的环境感知力和认知能力，使得我们的在线生活在很大程度上由算法来塑造或主导。一个显著的例子是，在电子游戏、社交媒体、通信等领域内得到广泛应用的以改变人的行为与态度为宗旨的劝导式技术。虽然这类技术可以鼓励人的积极行为，比如，微信里的计步功能、谷歌手表的监测功能等可以鼓励人的行为；但在客观事实上，劝导式技术与数字环境的完美耦合能够达到无形地操纵用户的目的，或者说，以投其所好的交互方式有意识地引导使用者的实践方式并吸引其注意力，来达到营利的目的。这可能会造成消极乃至极其有害的影响，从而导致使用者对电子游戏、社交媒体的痴迷或成瘾等。劝导式技术利用了人的内在驱动力，比如，通过适时奖励来增加用户在设备上的停留时间。尤其对于在控制冲动等情绪上还处于发育期的少年儿童来说，他们在数字环境中的痴迷或成瘾，就不再是由其意志薄弱或放纵，而是由劝导式技术的设计者利用了少年儿童的脆弱性所造成的。

这表明，当计算机技术由计算、存储和检索等传统功能拓展到具有说服或

---

[1] 参见 Daugherty P R, Wilson H J. Human+Machine: Reimangining Work in the Age of AI. Boston: Harvard Business Review Press, 2018.
[2] 2017年7月7日出版的《科学》杂志集中刊载的一组文章中简要介绍了机器人参与科学研究的一些情况，可以用来进行情绪分析、人性预测、梳理病因等，表明智能机器人正在改变科学家的研究方式，被尊称为"网络科学家"（cyber scientist）。

劝导功能之后，通过交互计算系统和嵌入计算的设计来改变人的态度与行为的劝导式技术应用将会变得更加多样和隐蔽，渗透到广告、营销、商业、教育、训练、卫生保健等各行各业。劝导式技术的设计理念是把心理学和认知科学的远见卓识整合到信息-数字系统之中，使得劝导和强迫之间以及劝导和自主之间的关系变得复杂起来。技术对人的劝导和操纵成为无形的，而人对技术的接受成为潜移默化的和自愿的。因此，劝导式技术与算法、数字技术、心理学等学科的会聚和融合发展所带来的伦理挑战和潜藏着的伦理风险，无疑是迫切需要深入研讨的伦理学主题。

广而言之，智能化发展使物质系统具有了环境敏感力，使它们能够预知人的兴趣爱好和所作所为，从而自动修改系统的互动行为和信息推送来迎合使用者的兴趣和偏好。这不仅废除了物质和环境是被动的而意识和心灵是主动的这一二分观念，而且使复杂而无形的计算系统具有了生成数据衍生物的能力和基于个性化推理来取代人的意向性的能力。[①]这使得人越来越沉浸在被智能环境所"解读"和投喂信息的境况之中。一方面，个人在社交媒体或计算设施上留下的行为数据成为他人或机构的认知资源；另一方面，我们生活于其中的人工环境的物质性似乎变成了某种形式的主体性。这进一步引发了问责难题。

在劝导式技术的使用中谁是获利者？劝导策略的实施需要担负伦理责任吗？这种责任由谁来担负？更进一步的相关问题是：在金融领域内，算法交易或智能投资顾问造成的经济损失，应该如何问责？在交通领域内，无人机和自动驾驶汽车导致的交通事故，应该如何问责？在社交领域内，网站信息推送诱发的信息误用和用户的成瘾等问题，应该如何问责？在知识产权领域内，智能机器人从事创作的知识产权归谁所有？应该如何署名？是用户、设计者、制造商等人类能动者，还是人造的能动者或技术本身呢？

L. 弗洛里迪（L. Floridi）和 J. W. 桑德斯（J. W. Sanders）认为，人造的能动者只要能够显示出互动性、自主性和适应性，即使它们没有自由意志和意向性或心智状态，它们依然有资格成为道德能动者。他们提出用"无心灵的道德"

---

① 米瑞尔·希尔德布兰特. 公众在线生活：呼吁设计出法律保护//卢恰诺·弗洛里迪. 在线生活宣言：超连接时代的人类. 成素梅, 孙越, 蒋益, 等译. 上海：上海译文出版社, 2018：239.

概念来讨论这类新型认知主体的能动作用。①这有助于把对非人类的人造能动者或智能体的问责和承担责任分离开来，也就是说，我们可能对无人驾驶汽车进行问责，至于它如何承担责任，则是需要进一步系统化研究的伦理和法律课题。

这些讨论表明，在科学-技术-社会高度联系的系统中，我们对认知责任的界定成为将本体论、认识论和伦理学关联起来的话题，认知关系蕴含了权力关系，或者说，认知实践在根本上成为伦理实践。②这就颠覆了传统的认知机制和问责机制。然而，主张对人造的能动者或智能体进行问责，并不意味着减少对人类的问责，也不是将责任转嫁给非人类的实体，从而使人类规避责任；而是表明，我们应该对科学-技术-社会高度联系的系统中存在的权力之不对称性有所警觉，揭示出我们在理解如何分配认知责任时，不仅需要提出新的伦理概念，建构新的伦理框架，而且还需要提供实践方案。

可见，智能革命在使人类从强迫性劳动中解放出来并拥有充足的自由时间的过程，是伴随着人类文明一体化转型的过程，也是伴随着人类自我认识、自我管控和自我成长的过程。在这些过程中，人们只有全面提高自身的伦理素养，才能摆脱虚假自由，才能使自由时间成为自身追求美好生活、发挥创新能力和丰富生命意义的条件，而不是成为使自己更有可能以成瘾和沉沦的方式消磨意志的前提，更不是成为不良经济活动和无责任技术创新的牺牲品。当代技术的会聚发展使得这些相关的伦理问题变得更加尖锐。

三、技术会聚的伦理挑战与风险

技术从一开始就是围绕着赋能于人类而发展的。技术的发展史在很大程度上也能折射或记载人类文明的演进史。但是，当智能革命的深化发展使技术的改造作用从改造外部自然拓展到改造人的内部自然时，就使得人的身体技术化和精神技术化成为摆在我们面前的伦理问题。

在人类文明的演化史上，人与自然的关系已经发生了两次转型。第一次转

---

① Floridi L，Sanders J W. On the morality of artificial agents. Minds and Machines，2004，14：349-379.
② 朱迪思·西蒙. 超连接时代分布式认识的责任//卢恰诺·弗洛里迪. 在线生活宣言：超连接时代的人类. 成素梅，孙越，蒋益，等译. 上海：上海译文出版社，2018：195.

型是人从自然界中分离出来，形成了人与自然的对象性关系，这种分离不是信念的改变，而是范畴的改变，开启了"人之为人"的第一个过程。这一个过程主要是以追求物质文明为主，技术的主要目标是探索与改造人类生存于其中的自然界。第二次转型是人类凭借科学技术的力量逐步成为自然界的统治者，人类逐步远离天然自然，出现了人化自然和人工自然，使人与自然的关系从人附属于自然界的最初形态发展到自然界越来越附属于人类的形态。这种发展所带来的生态恶化等全球问题已然有目共睹。这表明，在追求物质最大化和所有权意识理念的引导下，人类虽然获得了越来越多的知识，越来越有能力根据自己的意愿去改造环境，但却不能使所在的环境变得更加适合居住与生存。[1]

当代技术的会聚发展所导致的一系列伦理之争，进一步将上述困境从人类外部的生存环境拓展到人的身体与心灵层面。基因编辑、再生医学、脑机接口、神经工程等技术的使用，使人类有能力对自己的基因、器官或组织进行修复、替代乃至增强。从进化论的视域来看，人类的诞生与基因突变有着很大的关系，而基因突变是缓慢且不受人类控制的。但运用基因编辑技术对人类胚胎基因的修改，目前在伦理上则是绝对禁止的。为什么我们允许基因的自然突变，而不允许对生殖基因进行人为改变呢？如果不被允许是由于技术不够成熟，会污染人类基因池，那么，在未来的技术完全成熟后会被允许吗？

更进一步的问题是，通过技术手段将一个布满电极和线路的小小电子元件置于人体内部，来缓解和治疗肌萎缩侧索硬化和老年痴呆等患者的病情，使患者过上有尊严的生活，已经不再是科幻设想。但现实情况表明，植入体内的器件虽能改善病情，但也会记录和传递患者在思考时神经元的放电情况，会受到外部的控制，还会提高学习效率，控制情绪，改变性格，提升人脑机能，等等。那么，我们将如何理解患者的自由意志？或者说，如何避免患者不受他人意志的操控？如果随着人造器官研究的发展，人们在未来能够通过 3D 器官打印机技术"打印"出人类器官来替代老化或机能失常的器官，那么，这就提出了新的概念挑战：需要回答"一个器官'活着'意味着什么"这样的问题。

如果数字智能体或能动者作为受托者，能够具有同委托者一样的言语能力和行为表现能力，也具有从错误中学习这种附加功能，那么人类就可以由此

---

[1] 斯塔夫里阿诺斯. 全球通史：从史前史到 21 世纪（上）. 7 版. 吴象婴，梁赤民，董书慧，等译. 北京：北京大学出版社，2006.

而活在网络空间里吗？当技术发展到能够实现将完整的有意识进行自我转移的关键阶段时，我们便能够将人的心灵转移到或上传到可以永生的数字实体或机器中。那么，将心灵上传是否意味着：心灵需要身体，但不是肉体，而是数字体。可是，如果人的肉体已经消失，而其等效体还继续活着，那么，是否应该以这种方式来延长寿命就成为一个需要深入研讨的问题。在一个可以让人造物和数字孪生体永久存在的世界里，我们对延长寿命和追求永生的渴望，很可能就打开了有关人类进化的潘多拉魔盒，使我们不得不重新思考人类干预自然的权利和人类操纵进化的权利等问题。①

这些挑战已经成为现在和未来研究的重要话题。人类保护主义者倡导建立《保护人类物种公约》来维护人的自然性，杜绝技术增强甚至人机混合体（即电子人）的出现。但问题是，如何理解人的"自然性"？技术本来就是为了对抗自然选择的生存法则、增强人的生存能力和延长人的生命周期而诞生的，从我们的衣、食、住、行，到戴眼镜、戴助听器、安装心脏起搏器、替换金属关节、安装假肢，这些都和技术紧密相关，而这些行为并没有破坏人的自然属性，那为什么通过植入电子元件来恢复记忆或通过基因编辑技术来修改胚胎基因则有所不同呢？对于这样的疑问，激进的后人类主义者持有与生物保护主义者截然相反的态度，他们把人类借助技术手段来克服自己的生物缺陷看成是人类应有的基本权利，认为应该尊重人类对自己身体的选择权。

虽然后人类主义者和生物保护主义者之间的争论还在继续，远没有形成定论或共识，但这些争论迫使我们重新思考诸多问题：治疗与增强之间的边界在哪里？限制增强技术的发展是否会侵犯人们改善身体和心智的自由权或自主权？支持人的身体技术化发展是否会侵犯人的自然权利以及建立在传统医疗体制基础上的公平公正、自主自愿等原则的适用性？把人类与非人类区分开来的具体特征是什么？人类的哪些特征是根本性和需要保护的？或者说，什么是人？什么是生命？什么是身体与心灵的关系？成为人意味着什么？"人之为人"的内禀性及其身体边界是什么？显然，这些问题整齐地归属于理论伦理学或应用伦理学，是需要通过构建将伦理学、认识论和本体论统合起来的新的伦理框架来解决的。

---

① 扬尼斯·劳瑞斯. 重构和重塑数字时代的民主和生命观//卢恰诺·弗洛里迪. 在线生活宣言：超连接时代的人类. 成素梅，孙越，蒋益，等译. 上海：上海译文出版社，2008：179-180.

与人的身体从自然进化到技术设计这一变化所带来的上述伦理问题相比，人的精神从文化塑造到技术诱导所带来的伦理问题似乎更加抽象。由网络技术、数字技术、虚拟技术、图像处理技术以及前面提到的劝导式技术的会聚打造而成的"元宇宙"，不仅是一个具有人工文化的数字世界，而且是一个以使用户精神快乐为目标且充满了环境智能的人工世界，因而也是一个更加无形的监控世界。在这个世界里，人的感知力成为新的生产资料或被开发的商品，有可能带来新的在线伤害：冗余信息不断地充斥着人的大脑，使人无意识地丧失了宝贵的独立思考能力，从而使普通大众心甘情愿地沦落为少数技术精英的工具。

可见，人与自然关系的逆转，人的身体技术化和精神技术化，迫使我们不得不开启"人之为人"的第二个过程。在这一过程中，我们需要将发展理念从重视物质文明建设的视域拓展到重视精神文明建设的视域，需要在人与自然的关系中进行第三次转型：人类在掌握了自然规律之后，重新回归到尊重自然的发展理念，重塑人与自然的和谐共生关系，重塑新的发展伦理，把对人的"自然性"与"技术性"的关系以及对"人是什么"等哲学问题的思考，与对未来技术与文明的发展趋向联系起来，打破传统的二分观念，从人文主义的视域出发，重塑新的概念框架，这是科学-技术-社会高度联系发展所提出的对人性的第二次启蒙，也是最深刻的启蒙。

四、结　　语

综上所述，社会的数字化转型、智能化发展和技术会聚不仅对人的在场、友谊、责任心、能动性、义务与权利等概念提出挑战，而且对诸如自由、平等、道德以及目的等与人的生存境况相关的概念提出了挑战。个体的自我既是自由的，又是社会的，更是人类的。自由不是在理想中和真空中产生的，而是在具有可供性和约束力的空间或世界中产生的。或者说，个体的自我和自由，与他者的自我、技术、人造物和自然界的其余部分密切相关。我们到了需要设计未来，而不只是预测未来的时候了。面对科学-技术-社会高度联系的现状，我们需要站在人类命运共同体的立场上，来系统地回答：在智能化时代，"人之为人"的内在本质是什么？人的自由或平等意味着什么？除非我们能够提出新的伦理概念和伦理框架,否则,我们的世界将没有未来。我们如何通过真正维护人性和保卫人的自然权利等方式来引导技术发展和制定管理政策,可能是我们在未来社会中要面对的最大挑战。

Ethical Challenges and Risks Arising from Artificial Intelligent Revolution

Cheng Sumei

(Shanghai Academy of Social Sciences)

Abstract: The sense of sharing shaped by the development of the digital transformation of society subverts the assumptions of economic ethics based on the sense of ownership; The widespread use of intelligent machines and artificial agents challenge labour ethics; and the invisible persuasion and manipulation of human beings by technologies such as algorithms, the technologization of the human body and the technologization of the human mind also challenge the adaptability to the principles of fairness and justice, autonomy and voluntariness. These developments also entail new ethical risks, blurring valid distinctions like private and public space, making cognitive practices ethical, and making accountability a new topic to consider by correlating epistemology, ethics, and ontology. Our action, perception, intention, and morality has become intrinsically intertwined with contemporary information technology, and the construction of a new ethical framework should be based on the relational self, the sense of sharing, leisure labor, and the reversal of dichotomies has opened the second process of "human becoming."

Keywords: digital world, two-way empowerment, artificial actors, cognitive responsibility, people becoming people

责任分配与责任分散：自动驾驶的道德哲学考察

朱林蕃

（复旦大学）

摘　要：自动驾驶汽车已经逐渐进入我们的生活视野，自动驾驶的责任归属却成为我们需要面对的现实问题。经典伦理学前瞻性责任理论中将承担道德责任视作道德主体有意愿为预期事件承担结果并塑造自身的行为。自动驾驶作为"人-车联合行动者"，是由智能的行动体与驾驶者共同组成的。这一现象挑战了经典责任理论。在新模式中，道德责任不再由人类主体独立承担，而是驾驶员与汽车设计者、政府与机构共同形成的责任分配共同体。然而，社会心理学理论揭示了在责任分配共同体中，参与者希望他人承担更多责任，而自我可以逃避责任，即责任分散难题。在本文最后，笔者提出需要从自动驾驶设计中引入道德能动感与更加合理的政策来避免责任分散，从而采取更良善的科技伦理治理方式。

关键词：前瞻性责任，联合行动者，分配的责任，责任分散，能动感

在一种经典前瞻责任模型中，成为一个负责任的道德主体意味着这个主体知晓并预估负责之后所带来的后果（好处），并愿意以此形成对自身选择和行为的约束。然而，在构成道德责任归属（the attribution of moral responsibility）理论中，道德责任往往通过事件发生之后将责任追溯到理性的行动者（rational agent）之上，且完全的理性行动者应当理解他/她采取行动的理由或事件的因果，并承认这一归属。因而，无论在前瞻性还是追溯性的道德责任判定中，理

性行动者的自主行动和自由判断力都成为判定道德责任的标准。比如，在一般交通事故的法律解释中，交通肇事的责任（liability）判定借鉴了这一模型：驾驶员知晓并享受汽车带给自己的便利，并愿意为这种便利承担责任。在一般的司法实践中，除个别设计因素，汽车驾驶员往往需要承担大部分法律责任。在交通事故案件中，驾驶员是具有完备的自主权和判断力的，且如果肇事者破坏了这个自主权（如酒驾、毒驾、疲劳驾驶），他/她需要承担更多附加的法律责任。

不过，自动驾驶汽车带来的道德与法律挑战却深刻地改变了这一理解。人们在享受自动驾驶带来的便捷与幸福的同时，也在不自觉地承担了使用它的责任。自动驾驶的智能主动性（自动驾驶-驾驶员混合决策）的介入，使得过去单一行动者（agent）的责任模式转变为联合行动者（co-agent 或 joint agent）责任。联合行动者责任带来了关于责任分布（distribution of responsibility）这一主题的再审视。随着决策主体的分散，责任也应当分布在联合行动者中的个体责任者之上。同时，本文将从另一个侧面引入社会心理学与道德哲学中的重要概念即责任分散（diffusion of responsibility）难题，即当责任承担者主观感受到他者会分担自己的责任的时候，会期待对方承担更多责任，而自己可以逃避负责。这意味着共同行动者策略中的个体行动者的道德责任感与主体性的消解与分散。本来自动驾驶可以带来责任的合理分布，使人类驾驶的体验感提升，结果却因为陷入责任分散的伦理实践困境，反而引发新的问题。以此讨论为基础，本文试图重新分析自动驾驶带来的联合行动者、分配责任与责任分散、道德能动感等伦理学挑战，并认为，高自主性的自动驾驶（如自动驾驶 L5 等级）行为需要在限定性环境中实现，在一般自主性驾驶（如 L3 等级）过程则需要通过技术手段唤醒驾驶者的道德能动感以纠偏责任分散带来的风险。

挑战一：智能汽车是否算作自主的智能行动者（intelligent agent）？

自主的智能行动者是一个有争议的概念，不同的哲学家或许会给出不同的答案。在智能技术时代，硅基智能已经在行动方式或计算速度上超越了生物基智能，大规模数据模型与超级智能的发展已经让许多哲学家[①]产生忧虑。与此相对，也有学者转而定义最低智能行动者，并通过概念的特征化来刻画这些智能产品的道德责任。例如，有哲学家将交互性（interactivity）、自主性

[①] Bostrom N. When machines outsmart humans. Futures，2000，35：759；Bostrom N. How long before superintelligence? Linguistic and Philosophical Investigations，2006，5（1）：11-30.

（autonomy）与适应性（adaptability）作为判定智能主体的标准①。

下面将对上述标准进行概念说明：交互性试图刻画智能行动者与环境、行动者之间与环境的因果联结，即智能机器与人、环境之间的互动。自主性即生成策略，表现了行动者内部策略的复杂性，可以不依照环境自主做出策略性改变。适应性则依照外部环境与情境特征来改变内部规则（即学习）。

在这一标准下，我们可以看到，自动驾驶汽车在自L3（部分自动驾驶）到L5（完全自动驾驶）等级的条件下，与驾驶者共同处在环境的因果互动链条中（交互性），且自动驾驶可以依照路况选择在部分自动驾驶、高度自动驾驶（L4）与完全自动驾驶的策略中进行调换（自主性），并可以更进一步，通过对场景与情境的学习生成新的驾驶习惯与策略（适应性）。因此，自动驾驶汽车与驾驶员共同成为联合行动者在条件上是满足的，在理论上也可以得到说明。

与此同时，由于自动驾驶的特征在于辅助驾驶者更轻松、高效且安全地完成驾驶任务，那么驾驶员在驾驶方式上会对智能程序的判断产生策略依赖；同时，在自动驾驶程序的设置中，也时刻保留驾驶员收回驾驶权的可能性，且在特殊路况下会提醒驾驶员主动驾驶。二者在行为策略方式上具有互补和依赖关系，而且共同构成了自动驾驶行为的要素，因而它们结合为共同行动者在理论上可以得到辩护。

挑战二：人-车联合行动者的责任如何归属？区分前瞻性责任与追溯性责任。

道德哲学一般将追溯性责任称作责任归属问题（attribution of responsibility）。在一般驾驶场景中被归于（attribute to）驾驶员自身（至少主要责任在驾驶员）。因为在交通事件中，驾驶员/行人是单一行动者，法律或道德责任应该且只应该由具有能动性的主体承担（汽车设计缺陷除外），毕竟没有人会将责任带来的反馈惩罚归咎于车。不过，在高度智能化的时代，伴生智能主体（机器陪护、机器宠物、临终关怀等）也已经深入到我们的生活中，那么这些与自动驾驶汽车智能水平相当的智能载体，是否能够算作责任主体呢？不过，智能机器人（本身）很难被理解为可以为它的行为负责任，因为通常来看，智能机器人不能理解道德（或者作为一种延伸的"他心"问题，我们并不知道它们是否理解），

---

① Floridi L, Sanders J W. On the morality of artificial agents. Minds and Machines, 2004, 14 (3): 358.

而仅仅只是顺应和接受指令。弗洛里迪与桑德斯也曾饶有先见地指出，机器人不能作为道德责任的主体，而且由于智能上的自主性，我们应当训练智能机器人成为更好的道德践行者，并减少程序员与操作员的道德责任[①]。

不过，我们在这里可以注意到，机器人的道德责任或许与设计它们的程序员、工程师相关，那么它们的行为失误也至少要归咎到研发者与机构之上。因而自动驾驶与驾驶员的联合行动者或许并不能简单地套用弗洛里迪式（Floridian）的观点，因为自动驾驶汽车虽然具有相应的智能设备特征，但是自动驾驶不适用于机器人不是道德责任主体的观点，且自动驾驶不适用于机器人研发者与机构承担责任的说法。

首先，驾驶者不能承担全部责任。自动驾驶必定是载人行驶，即使当驾驶者不参与驾驶状态而出现紧急情况，驾驶者也不应当（像非自动驾驶汽车一样）承担全部责任。这显然违背了道德哲学或法哲学中，关于行动主体与行为动机承担法律或者道德责任的基本思路。毕竟，驾驶员仅仅坐在车中，而没有操作，且同时间自动驾驶汽车程序是以相对自主性的方式运作的。

其次，自动驾驶程序本身不能承担全部责任，因为程序仅仅是一套完成人类指令的算法的集合，自动驾驶过程中按照算法工程师、车辆工程师（包括车机工程与雷达预警工程等）的设计与设想来完成一系列人类设定好的目的性任务。车辆并非具有法律意义的行为人，自动驾驶程序与汽车本身在运行中既没有享受到利益，也无法承担惩罚，因而是非责任主体。然而，如果因为程序设计失误，算法工程师或程序开发公司就会成为责任的机构性主体（constitutional agent of responsibility），并承担相关附带责任。

挑战三：前瞻性责任伦理对人-车联合行动者道德责任分析有何益处？

我们在文章开始的时候强调了前瞻性责任伦理的地位。不同于追溯性责任伦理将责任归属于道德行动者，前瞻性责任伦理则主要强调道德行动者主动承担未来责任，并将这些责任作为自我当下行动的约束性要求。在对考虑未来自动驾驶的远景责任的分析中，前瞻性责任不仅仅需要考虑道德/法律责任在事故发生后如何分配，更需要将参与到自动驾驶的道德主体的责任目标作为责任设计的前提。

[①] Floridi L, Sanders J W. On the morality of artificial agents. Minds and Machines, 2004, 14 (3): 363.

遵从以上三个挑战，我们会基本推导出这样的结论：在人-车联合行动者的关系中，联合主体的责任应当是分配的（distributed）。然而，新的问题在于人-车联合行动者之间的责任如何分配。

一、从分配的责任看自动驾驶的责任归属

分配的责任（distributed responsibility）本来是在讨论人-人联合行动主体的时候，责任在主体间获得不同等级的责任归属的概念，也就是责任如何在联结在一起的不同主体间公正分配的问题[1]。这一概念的伦理学意涵本来在于讨论社群/机构-不同主体在社会或自然事件中，由自身差异导致所承担的责任也存在差异（如成人与儿童、男性与女性、驾驶者与乘客、决策者与执行者等）；然而，人与智能设备之间也存在着这种责任分配难题。正如我们前面已经阐述过，弗洛里迪式的伦理学观点认为，机器人并不具有道德主体责任，其责任应当由设计者与机构承担。然而，在人车互动（human-car interaction）系统中，责任应当以智能机器为主还是使用者（驾驶者）为主则成为一个有争议的话题[2]。

争议一：人车互动系统中驾驶员仍然是主要责任者。

这一立场的主要理由在于，即使在自动驾驶状态下，人仍具有能力来收回驾驶权，当且仅当人具有完全的道德能力（特指做出道德决策的能力）使得他们可以随时了解车内驾驶者的安全性是大于行人或非机动车使用者的，并在此前提下做出判断。在这种观点中，伦理学家认为，驾驶员优先希望获得石里克责任观中前瞻式（forward looking）的好处（便利），并明确了解这种好处的风险（算法风险），那么驾驶员应当具有首要的道德能动性（moral agency）来实践他的道德决策。

争议二：分配的责任要求责任与风险具体到更多风险承担者中。

这种观点基于一种人类作为道德能动者的有限性与智能算法的不透明性的基本假设的调和立场。首先，人类作为唯一可负责任的道德能动者，其能力

---

[1] Chandler D. Distributed responsibility moral agency in a non-linear world//Ulbert C, Finkenbusch P, Sondermann E, et al. Moral Agency and the Politics of Responsibility. London: Routledge, 2018; Floridi L. Faultless responsibility: on the nature and allocation of moral responsibility for distributed moral actions. Philosophical Transactions of the Royal Society A, 2016, 374: 20160112.

[2] Strasser A. Distributed responsibility in human—machine interactions. AI and Ethics, 2022, 2: 523-532.

是有限度的。从一种功能主义立场上，了解到自动驾驶汽车已经完全可以像优秀的驾驶者一样完成驾驶任务，且在机制上（雷达与算法速度上）已经达到甚至超过人类的感知能力与反应速度。正是基于人类的感知能力、模型的直觉判断与反应能力的有限性，伦理学家认为，人类并不应当承担驾驶的全部责任。

其次，智能机制上的最优决策不等价于道德最优决策。虽然自动驾驶程序已经非常智能，但是由于人工智能与机器学习联结主义（connectionism）的模型特点，我们仍然无法了解其算法内容与机制究竟是怎样的。也就是说，我们仅仅能通过输入大量数据来满足算法优化——类似于电车难题（the trolly problem），可是我们却不能保证算法每次做出的决策都是道德最优的（而不仅仅是基于它所具有的数据模型内最优的）[1]。这就是说，算法的强大只能带来有限的优化，而并不能获得最好的道德结果。技术只能保证算法的最佳效力，却不能保证做出最优的道德方案。

最后，从一种制度主义（institutionalism）与风险社会（risk society）立场上看，不仅驾驶员与智能程序应当成为风险共担者，正如贝克（Ulrich Beck）与吉登斯（Antony Giddens）[2]所认为的，现代性带来的人为风险已经渗透到社会的各个角落，而社会的自反性作为一种保护与可持续性机制，通过制度与组织方式预测并分担可能性的风险。不过，在智能时代，智能产品带来的风险已经超越了贝克理论中人为风险这一边界。毕竟人为风险可以通过制度监督得到相应的减轻；而智能设备的风险，虽然广义上仍源自人造，但由于具有自主性特征，其风险往往源自未知的可能性[3]。不过，这并不妨碍我们将风险社会模型分析带入到人-车联合行动者案例中。由此，我们可以发现，不仅驾驶员与汽车设计者的风险应当得到分布式体现，政府与行业协会的监督、保险公司与第三方检测机构的介入也应成为规避风险的重要环节。

从图1我们可以发现分配的责任观点将道德/法律责任分布在不同的主

---

[1] Nyholm S. Ethical accident algorithms for autonomous vehicles and the trolley problem: three philosophical disputes//Lillehammer H. The Trolley Problem. Cambridge: Cambridge University Press, 2023: 211-230.
[2] Beck U. Risk Society: Towards a New Modernity. Ritter M (trans.). London: Sage Publications, 1992; Giddens A. Risk and responsibility. The Modern Law Review, 1999, 62（1）: 1-10.
[3] 例如苹果联合创始人史提夫·沃兹尼亚克（Steve Wozniak）警告，在自动驾驶程序自动升级的时候，车机系统可能处在宕机状态，从而导致许多不可控的风险出现。参见 Wain P. Apple co-founder says AI may make scams harder to spot，BBC. https://www.bbc.com/news/technology-65496150[2023-05-09].

体、机构与组织之中,使得驾驶者的全主体道德责任得到了缓解。按照我们之前提到的前瞻性道德责任观点,驾驶者似乎在这一模型中享受到了幸福最大化(摆脱了全神贯注驾驶的疲劳感),而风险与道德责任也得到了降低(辅助驾驶或自动驾驶分担了驾驶员的道德责任)。然而,事实果真如此吗?

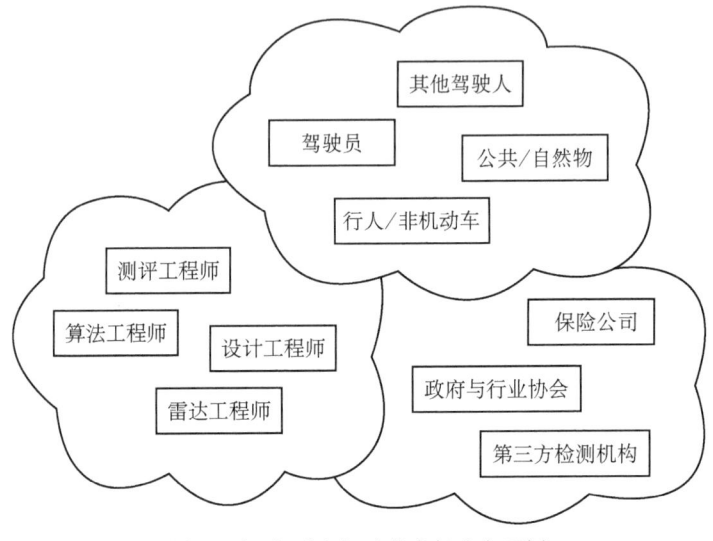

图 1 人-车联合行动者责任分布示例

二、从责任分配到责任分散

责任分配与责任分散两个概念非常相似,却又非常不同。在认知心理学与社会心理学的研究中,许多人注意到责任分散①的问题。责任分配是指将道德责任根据行为者的能力和适用范围不同,从而对不同行动者进行不同责任归属与分配;与此相对,责任分散指在一个群体中,群体的每一个参与者均出现散漫且任意的主体道德能动感(the sense of moral agency)降低的现象。责任分散主要表现在,一般群体中,每个人都承担整体责任的一部分,但这仅仅是这一情况的客观期待;依照一种普遍的工具理性态度,在群体中每个行动

---

① 例如一个案例中心理疾病患者在三位心理医生的辅助下仍自杀了。其结果可能是治疗过程中因缺少领导性角色与明确的责任分工,导致患者最终成为主导者并导致自杀悲剧。参见 Maltsberger J T. Diffusion of responsibility in the care of a difficult patient. Suicide and Life-Threatening Behavior,1995,25(3):415-421.

者在主观上都希望他人为自己承担更多的责任，从而可以令自己最大限度地免责。这一现象在许多故事或者历史案件中都有迹可循，也有人会将旁观者效应（bystander effect）视作责任分散的一种[①]，即当危险发生，每个人都希望其他人成为阻止风险的人，而自己倾向于成为旁观者。

德国哲学家 H. 伦克（Hans Lenk）曾经给出下面这样的案例来说明责任分散难题：

> 一位牧师为一个生产葡萄酒的村落提供了重要的帮助。为了感谢他的贡献，村民们决定为他举办一场感谢宴，将最好的酒在特殊的节日分享给大家。双方一致约定，每位葡萄酒种植者都应该从自己的酒窖里贡献两升最好的葡萄酒，并倒入指定的木桶中。在节日致辞后的庆祝活动中，人们敲开木桶为牧师端上了第一杯葡萄酒。然而，杯子里只有纯净的水，节日的气氛最终陷入了一种尴尬的境地。[②]

这个案例可以被视作责任分散的经典模型，责任分散一般发生在：①有明确道德责任约束的事件中；②这个事件应该由共同体中多个人共同参与；③这个事件中每个人的道德责任与约束都是由整体划分的，是每个人对未来责任的承诺并最终放弃践行和约束的部分。

责任分散在当代的研究语境中被视作一种对自身道德责任感与能动感的消极因素。例如，在通过 AI 问诊的医疗事件中，由于 AI 问诊程序的大量使用，许多医生出现了责任分散的难题[③]。本来我们希望 AI 成为人类的助手，但事实上却是我们过度依赖 AI，反而出现了更多的问题。同理，在自动驾驶案例中，我们本来希望辅助驾驶（L3 等级以下）与自动驾驶（L3 等级以上）来帮助我们更舒适、更便捷和更安全地驾驶，但却导致驾驶员的注意力下降、道德判断延迟等后果。

---

① 有研究特别从政治心理学视角研究了 20 世纪纳粹德国对犹太人的种族清洗过程中的"旁观者效应"。参见 Staub E. The Psychology of perpetrators and bystanders. Political Psychology，1985，6（1）：61-85.
② Lenk H，Maring M. Responsibility and technology//Auhagen A E，Bierhoff H-W. Responsibility: The Many Faces of a Social Phenomenon. London：Routledge，2001：266. 引用的时候有所改写。
③ Bleher H，Braun M. Diffused responsibility: attributions of responsibility in the use of AI-driven clinical decision support systems. AI and Ethics，2022，2：747-761.

（一）责任分散的案例视角

我们希望以伊莲·赫兹伯格案例（Elaine Herzberg case）作为责任分散的分析典型加以说明。

伊莲·赫兹伯格案例是自动驾驶出现后，因为驾驶者依赖从而导致行人死亡案件的第一例。案件发生于 2018 年 3 月 18 日深夜，地点在美国亚利桑那州坦佩市。赫兹伯格骑自行车穿过四车道公路的时候被一辆优步（Uber）公司改装的全自动驾驶状态下的测试车辆撞到，并不治身亡。而当时车上有一位后备的人类驾驶员（测试员）。警方调查过程中做出了可能性的归因：①软件与算法；②传感器数量；③人类测试者分心。

软件与算法的测试后来在国家运输安全委员会的调查中被认为在事故发生前 1.3 秒，算法已经做出刹车指令。

针对传感器，根据 Uber 公司的说法，由 Uber 改装的 XC90 包括一个车顶安装的 LiDAR 传感器和 10 个雷达传感器，并提供车辆周围 360°的覆盖范围。相比之下，混合器（Fusion）有 7 个 LiDAR 传感器（包括 1 个安装在车顶上的传感器）和 7 个雷达传感器。据 Uber 的 LiDAR 供应商 Velodyne 称，安装在车顶的单个 LiDAR 传感器垂直范围较窄，无法检测到低至地面的障碍物，从而在车辆周围形成盲点[①]。

针对分心指控，测试车辆在车内安装了录像与眼动设备，发现测试员在发现被害者驶入视线后，并没有做出及时反应以收回驾驶权，而是在事故发生后才采取制动措施。

2019 年 3 月，亚利桑那州检察官裁定 Uber 对事故不承担刑事责任。而车辆的后备司机被控过失杀人罪[②]。

最终警方调查显示，测试员并没有严格注意到路况，而是有 31% 的时间低

[①] Somerville H, Lienert P, Sage A. Uber's use of fewer safety sensors prompts questions after Arizona crash. https://www.reuters.com/article/us-uber-selfdriving-sensors-insight/ubers-use-of-fewer-safety-sensors-prompts-questions-after-arizona-crash-idUSKBN1H337Q[2018-03-18].

[②] Wakabayashi D. Self-driving Uber car kills pedestrian in Arizona, Where Robots Roam. https://www.nytimes.com/2018/03/19/technology/uber-driverless-fatality.html[2018-03-19]. 该事件更全面的报道以及警方的报到 PDF 版均见 Stern R. Self-driving Uber crash "Avoidable", driver's phone playing video before woman struck. http://www.phoenixnewtimes.com/news/self-driving-uber-crash-avoidable-drivers-phone-playing-video-before-woman-struck-10543284[2018-03-19].

头看向他处。由于缺少来自这位测试员的主观汇报，Uber 公司最终被判定没有承担责任，但我们仍然可以发现，在测试进行前，Uber 公司与沃尔沃均表示自己的车辆拥有 10 个雷达传感器与最顶尖的算法。这种表述可能无意中给了驾驶者一种免责的心理暗示。在一个面向科学家的访谈[①]中，哥伦比亚大学创意机器实验室主任 H. 利普森（Hod Lipson）认为："我们过去称之为分担责任（split responsibility）。如果你把同样的责任交给两个人，他们每个人都会觉得安全而扔掉责任。没有人愿意承担 100%（风险），这是一件危险的事。"而犹他大学心理学系的工程研究人员 K. 芬克豪泽（Kelly Funkhouser）指出："在实验中，人们被置于半自动驾驶模拟器中，以测量他们在出现问题时的反应时间。当受试者分心时，模拟器中的平均反应时间几乎翻了一番。"[②]

由于技术的进步，我们希望道德责任得到最优的分配，却最终得到了责任分散的"现实悖论"。在事故发生之后，生产商不仅不愿意承担责任，而且希望通过技术手段来免除自己的道德责任与法律义务——生产商与保险公司形成了经济利益的共谋循环，驾驶者不再成为道德责任分配的受益方；相反，他们成为高额保费的承担者（经济平等权受损）、车内眼动仪与摄像机的摄录对象（隐私权受损）、驾驶数据的云端收集对象（驾驶习惯与相应潜在的商业推销捆绑）。交通事故引发的责任分散，使得驾驶员不仅没有获得责任分配带来的好处，反而承担了更多经济上与隐私权的损失。

另外，驾驶员也是责任分散的一方。汽车广告对自动驾驶智能化与舒适度的各种强调，使得人们产生商业幻觉，即自动驾驶汽车比人为驾驶更加安全和舒适。这使得驾驶者长期处在分心与认知不在线（cognitive disengagement）的状态中，这将导致更加严重的事故、道德冲突。

（二）责任分散的评价性视角

自动驾驶的责任分散问题不仅仅由驾驶者、汽车设计者与第三方机构之间因为期待对方为自己承担更多责任而分散，而且还存在社会普遍的对责任

[①] Mitchell R. When robots and humans take turns at the wheel? https://www.latimes.com/business/autos/la-fi-hy-driverless-levels-tesla-ford-gm-mercedes-volvo-google-20160922-snap-story.html[2018-03-19].

[②] Mitchell R. When robots and humans take turns at the wheel? https://www.latimes.com/business/autos/la-fi-hy-driverless-levels-tesla-ford-gm-mercedes-volvo-google-20160922-snap-story.html[2018-03-19].

期待的差异。一项追踪了284人问卷的调查在通过方差排除干扰后显示[1]，在明确知晓人工智能自动驾驶的能力高于人类驾驶能力的前提下，大多数人仍然认为自动驾驶应当承担更多的责任。为了控制变量，实验者同时测试了受试者对不同性别驾驶员的态度，并将其作为对照组，结果显示，性别因素对于人类对驾驶员的责任期待并不显著；而只有人、自动驾驶之间的差异是明确显著的。

从这一研究中我们或许可以了解到责任分散自身也存在着一种内部差异，即我们因为相信自动驾驶的能力而自我免责与期待自动驾驶为自己负责而自我免责之间是不同的。除此之外，公众对人工智能与自动驾驶的不信任，以及人类在智能工具的全能期待与失控焦虑之间的态度摆荡恰好反映了智能社会的发展需要第三方机构（政府或保险公司）为人类生活的潜在风险进行干预的必要性。

综上，我们探讨了责任分散的两种视角。接下来我们将进一步分析如何走出责任分散的道德哲学焦虑。

三、走出零和责任游戏：责任分散的解决

正如我们之前所说，前瞻性责任视角将群体中的未来远景作为当下实践责任的基础。这一观点在当代关于群体责任的讨论中已经实现了理论上的复兴[2]。特别是在当代全球变暖、全球争议、人工智能技术革命的今天，对于未来生活位置风险的预见与谋划成为前瞻性责任讨论的基础，并有助于人类去积极改善未来的风险程度。前瞻性视角展现了两个不同的侧面：前瞻性视角需要对未知事态展现道德能动性，以及该视角要求未来责任对当下行动形成约束[3]。

第一，从道德主体的主观层面分析，通过提升驾驶者注意力与道德能动感

---

[1] Hong J-W, Wang Y W, Lanz P. Why is artificial intelligence blamed more? Analysis of faulting artificial intelligence for self-driving car accidents in experimental settings. International Journal of Human—Computer Interaction, 2020, 36 (18): 1768-1774.

[2] French P, Wettstein H. Midwest Studies in Philosophy (Volume XXXVIII: Forward-Looking Collective Responsibility). Online-library, New York: Wiley, 2014.

[3] Rovane C. Forward-looking collective responsibility: a metaphysical reframing of the issue. Midwest Studies in Philosophy, 2014, 38 (1): 12-25.

可以缓解责任分散中的争议性问题。在心理学中，能动感（sense of agency）是指一个人能够通过自己的行为来控制外部事件的感觉，且主体的能动感在社会（也包括主体与作为主体的智能设备）互动中起着至关重要的作用[1][2]，而且神经科学家发现，能动感与责任分散往往是针对性的[3]。基于这一实证性研究，通过时刻唤起行动主体的道德注意力或许可以成为解决自动驾驶中责任分散难题的主观策略。即在自动驾驶中，眼动仪监测驾驶者的眼动情况，并在其可能分心的情况下，通过程序唤起（primes）驾驶员必须进行操作，使得系统确认驾驶员尚处在注意力集中状态下。这类程序在特斯拉L3等级自动驾驶与高速铁路动车上已经有所设置。同时，道德觉知（moral awareness）、道德注意力（moral attentiveness）又与道德敏感性（moral sensitivity）程度相关[4]，因而，应当在每次进入自动驾驶前通过简要的语音或者文字来提醒驾驶者在驾驶过程中的责任与义务，以提高驾驶员在进入自动驾驶状态时刻的道德敏感度。

第二，在客观层面，在自动驾驶数据与学习模式尚不健全的情况下，政府应当通过法律规定自动驾驶的应用场景与范围。由于现存智能大模型输出的内容基于大数据输入之后的再生成，这就说明自动驾驶程序仍需要大量训练才能得到更好效果。然而，鉴于汽车的危险性，高等级（L5）自动驾驶应当被限制在封闭道路、低速行驶的状态下。中高等级（L4）自动驾驶应当在干扰相对较少的道路（如高速公路）上实现。

第三，在隐私权与程序权利方面应该获得更多关注。例如，自动驾驶车舱内的录像行为加以禁止（用眼动仪取代）；舱外摄像头应当通过机器学习识别为数据单位而不是具体图像，且不应当上传到云端。同时在汽车程序安全方面，最令人担心的是黑客通过算法劫持进行人身伤害。因而在防止黑客方面，应当建立驾驶者通过机械操作获得优先权利的机制，防止车辆电子程序被劫持后

---

[1] Gallotti M, Frith C D. Social cognition in the we-mode. Trends in Cognitive Sciences, 2013, 17（4）: 160-165.
[2] Lenk H, Maring M. Responsibility and technology//Auhagen A E, Bierhoff H-W. Responsibility: The Many Faces of a Social Phenomenon. London: Routledge, 2001: 268.
[3] Beyer F, Sidarus N, Bonicalzi S, et al. Beyond self-serving bias: diffusion of responsibility reduces sense of agency and outcome monitoring. Social Cognitive and Affective Neuroscience, 2017, 12（1）: 138-145.
[4] Reynolds S J, Miller J A. The recognition of moral issues: moral awareness, moral sensitivity and moral attentiveness. Current Opinion in Psychology, 2015, 6: 114-117.

造成更多伤害[1]。

第四，在司法监督下对特定的道德难题进行算法优化。伦理委员会应当敦促算法设计者针对电车难题及其衍生案例进行持续的道德优化和行为检测。一旦系统出现数据库污染或者违背伦理的自主决策出现，应当及时停止相关自动驾驶程序的运行。

四、结　　论

以前沿技术与生活状态产生冲突为反思对象的科技伦理学的基本诉求在于，解决人类潜在的道德困境、提升社会福祉。本文通过刻画自动驾驶带来的道德责任分散难题，试图说明良善的责任分配与道德能动感对于未来的道德困境是必要的，并试图激发科技伦理研究的规范性价值——科技伦理作为社会治理与人类生活的规范性工具，并同时成为治理的目标与标准[2]。同时，科技伦理的主旨也并非限制科学与技术的发展，而是帮助科学家与产业界进行责任式创新（responsible innovation）[3]，在降低潜在道德与法律风险的前提下，研发出更加适合出行的、面向未来和人类福祉的公共交通工具[4]。哲学与科学技术在实现人类共同福祉，构建命运共同体的目标上是一致的。

Distribution of Responsibility and Diffusion of Responsibility: A Moral Philosophy Inquiry on Self-Driving Vehicles

Zhu Linfan

（Fudan University）

Abstract：Today, self-driving vehicles have gradually entered our life, but the moral responsibility has become to a controversial issue. The

---

[1] Kingston J K C. Artificial intelligence and legal liability. Research and Development in Intelligent Systems XXXIII, Springer International Publishing, 2016.
[2] 王国豫. 科技伦理治理的三重境界. 科学学研究, 2023, 41（11）: 1932-1937.
[3] Hellström T. Innovation as social action. Organization, 2004, 11（5）: 631-649.
[4] Lutin J M. Not if, but when: autonomous driving and the future of transit. Journal of Public Transportation, 2018, 21（1）: 92-103.

classical ethical responsibility look-forward theory regards moral responsibility as the ability of moral agents to bear the consequences of expected events. Self-driving vehicles, however, challenges classical theory due to its intelligent autonomy and the formation of a "human-vehicle joint agent". In this model, moral responsibility is no longer the result of the independent assumption of human agents, but being distributed to drivers and engineering, vehicle designers, government, and institutions. However, Social psychology reveals the diffusion of responsibility phenomenon that participants hope others to take more responsibility in the community of distributed responsibility. This paper finally reveals that it is necessary to introduce a sense of moral energy and a more reasonable policy design from the design of automatic driving to avoid diffusion of responsibility, and to move towards a better way of scientific and technological ethical governance.

Keywords: looking-forward responsibility, joint agent, distribution of responsibilities, diffusion of responsibility, sense of agency

谁应该承担自动驾驶汽车发生碰撞的风险？

安蒂·考皮宁

（赫尔辛基大学）

张运洁　晏珑文　译

摘　要：迄今为止，在自动驾驶汽车发生难以避免的事故时，伤害责任的道德重要性在其编程过程中一直被忽视。但是，正如与自卫相关的讨论所强调的那样，责任在对伤害风险的公正分配上非常重要。虽然有时道德上要求将伤害的风险降到最低，但是如果一方对造成的风险局面负有责任时，那么情况就完全不一样了，这在现实世界的交通场景中很常见。尤其是在其他条件相同的情况下，承担风险的人应当是那些自愿预期到该活动会带来风险的人。在有人故意地或者不顾后果地制造风险局面的情况下，上述辩论不应引起争议。但笔者认为，在假设条件下，只要选择自动驾驶汽车，就会产生一定程度的责任，因此这类汽车的设计程序应该默认将更大的风险份额从无辜的局外人转移到使用者身上。只要自动驾驶汽车的程序不能把所有对责任有影响的因素都考虑在内，那么就有初步道德理由去限制它的使用。

关键词：伤害责任，自动驾驶汽车，风险分配，道德理由，责任因素

俗话说，意外总会发生。当车辆高速行驶时，如果有人挡路，那么他们很

---

[1] 参见 Kauppinen A. Who should bear the risk when self-driving vehicles crash? Journal of Applied Philosophy, 2020, 38（4）: 630-645.

可能会受到伤害。这将提出一个重要的伦理问题：这种情况是否会对谁必须来承担风险这一问题产生影响。在设计和编程人工智能引导的自动驾驶汽车时，这些问题就显得尤为迫切，因为这有可能需要提前实行分配风险的伦理原则，而不仅仅是对当时做出的决定进行事后评估。

首先，笔者在文章中要论证的是，当面前的事故变得不可避免时，我们不仅要考虑到驶向其他行驶路线可能造成伤害的程度和概率，还要考虑到人们对于所造成的风险状况应当承担何种程度的道德责任。借鉴最近有关自卫的研究，自愿从事具有风险行为的人可能会在道德上承担与其道德程度成正比的伤害责任，因此在其他条件相同的情况下，他们应该承担其行为带来的大部分不良后果，而不是由那些仅因为运气不好而受到伤害的人来承担。

其次，笔者将论证关于意外伤害的合理分配对自动驾驶汽车在意外情况下的行为编程方式和使用自动驾驶汽车的道德允许性的重要影响。特别是在一些情况下，车辆的程序设计应尽量减少预期伤害的总量，但如果风险情况是由一些潜在受影响者的鲁莽（reckless）和过失行为造成的，那么道德上的最优行为将有所不同［与之前如亚历山大·赫威尔克（Alexander Hevelke）和朱利安·尼达·吕梅林（Julian Nida-Rümelin）关于道德责任的讨论不同[①]，笔者关注的是风险责任在已确定的正确行动中的作用，而不是谁应该为错误的伤害承担责任］。当出现责任问题，人类在获取与道德相关的信息方面，可以凭借自身对环境的敏感性快速地对责任进行判断，这比人工智能系统更具优势。因此就可按照这个程度（pro tanto）去限制人工智能在与人类（无论是驾驶员还是行人）有重要交互的环境中担任指导。我们必须在可能降低整体伤害风险和可能增加某些事故中的不公正伤害之间取得平衡。笔者还将论证：考虑到责任在道德上的重要性，自动驾驶汽车的设计者在编程时就应该确保伤害更高概率是发生在使用者身上，而不是无辜的局外人身上。

一、自动驾驶汽车与风险分配问题

在撰写本文时，许多公司正在利用各类传感器提供的实时数据来开发由

[①] Hevelke A，Nida-Rümelin J. Responsibility for crashes of autonomous vehicles: an ethical analysis. Science and Engineering Ethics，2015，21（3）：619-630.

人工智能指挥的车辆，这些车辆不需要人类的直接参与就能在交通道路上行驶（以下简称为自动驾驶汽车）。人员和货物的自动化运输带来的好处远不只是可以避免通勤的麻烦。这些好处的其中之一是提高了安全性，避免发生目前由人为失误或操作不当而造成的大量事故。乐观地估计，这意味着全球范围内每年可能挽救一百多万人的生命[1]。

然而，由人工智能指挥的汽车在广泛使用时还是会发生意外。如果在与其他驾驶员、骑行者和行人共用的道路上，一个重达数吨的物体在高速前进，始终会对人们构成潜在的威胁[2]。当对他人造成某种伤害的风险不可避免，而车辆仍有机会以影响伤害类型或必须承担伤害的人的方式做出反应时，就会产生重要的伦理问题。这类编程任务通常被称为"碰撞优化"（crash optimization）[3]，它是管理此类新技术风险这一更广泛项目的重要组成部分[4]。

自动驾驶汽车的这种情况通常被人们比作电车难题的道德困境[5]，一个扳道者必须在允许一辆失控的电车撞死很多人，与采用某种方式进行干预却导致一个人的死亡之间做出选择[6]。然而，尽管这两种情况之间有相似之处，但也有着重要差异。首先，在电车难题中，每种选择的结果都是确定的；但是在现实生活中，选择的结果总是不确定的[7]。为了强调这一点，对于下文中的语句，笔者将使用构成风险（posing a risk）而不是造成伤害（causing harm）的表述。其次，正如斯文·尼霍姆（Sven Nyholm）和约翰·斯密兹（Johan Smids）

---

[1] Howard D. Robots on the road: the moral imperative of the driverless car. Science Matters. http://donhoward-blog.nd.edu/2013/11/07/robots-on-the-road-the-moral-imperative-of-the-drive rlesscar/#.U1oq-1ffKZ1[2018-06-28].

[2] Goodall N. Machine ethics and automated vehicles//Meyer G, Beiker S (eds). Road Vehicle Automation. Dordrecht: Springer, 2014: 93-102.

[3] Jenkins R. The need for moral algorithms in autonomous vehicles//Otto P, Gräf E (eds). 3TH1CS: A Reinvention of Ethics in the Digital Age? Berlin: iRights Media, 2017.

[4] Goodall N. Away from trolley problems and toward risk management. Applied Artificial Intelligence, 2016, 30 (8): 810-821.

[5] 参见 Wallach W, Allen C. Moral Machines: Teaching Robots Right from Wrong. New York: Oxford University Press, 2009: 14.

[6] 这些情景由菲利帕·福特（Philippa Foot）和朱迪斯·汤姆森（Judith Thomson）引入，旨在研究行动者和受害者之间的不同因果关系与道德允许性的相关性。这有着非常多的变体，参见 Kamm F. The Trolley Problem Mysteries. New York: Oxford University Press, 2015.

[7] Nyholm S, Smids J. The ethics of accident-algorithms for self-driving cars: an applied trolley problem? Ethical Theory and Moral Practice, 2016, 19 (5): 1275-1289; Goodall N. Away from trolley problems and toward risk management. Applied Artificial Intelligence, 2016, 30 (8): 810-821.

所强调的：电车难题的案例包括了行动者在即时性情况下的反应，而自动驾驶汽车问题则包括了预设的通用算法。因此在任何紧急情况发生之前，能动性就已经被那些设定汽车并将以某种方式做出反应的人行使了①。与此相关，约翰内斯·希默尔赖希（Johannes Himmelreich）观察到，电车难题涉及个人道德，而管理自动驾驶汽车则要求政治选择②。最后，也是对笔者而言最重要的一点：在电车难题中，每一个潜在的受害者都完全是无辜的，因为根据规定，他们不应也没有责任为此付出生命的代价。正如笔者将论证的那样，事实并非总是如此，在车辆碰撞是不可避免的情况下，（不同的考量）可能会产生重大的道德差异。

考虑到现实生活中的事故和电车难题案例之间无法进行比较，笔者认为最好从规范伦理学中更普遍的争论开始思考碰撞优化问题。这就是关于一个不可避免的伤害应该如何分配的问题。最简单的观点是一种准功利主义的原则，即非人为地将预期总伤害降到最低。但这一观点有着众所周知的麻烦后果。笔者将假设，在一些情况下，我们不应该为了避免对大多数人造成轻微的伤害而对一个人造成严重伤害③。例如，如果司机必须在永久性伤害骑行者手臂的同等风险和造成岩石滑落从而摧毁上千人停放的汽车而不对人造成身体伤害的同等风险之间做出选择，那么他就应该让岩石滚落。

考虑到对伤害的累计是有限的，以下有一个更好的但稍显粗糙的伤害最小化原则的版本，其灵感来源于亚历克斯·福尔胡弗（Alex Voorhoeve）的作品④。

相关伤害的最小化原则

在其他条件相同的情况下，最大限度地减少与道德相关的预期伤害总和。只有当伤害作为道德诉求的基础，并且与其他基于伤害的竞争诉求相比足够强大时，伤害才与选择情况下的道德相关。

---

① Nyholm S, Smids J. The ethics of accident-algorithms for self-driving cars: an applied trolley problem? Ethical Theory and Moral Practice, 2016, 19 (5): 1275-1289.
② Himmelreich J. Never mind the trolley: the ethics of autonomous vehicles in mundane situations. Ethical Theory and Moral Practice, 2018, 21: 669-684.
③ 参见 Scanlon T. What We Owe to Each Other. Cambridge: Harvard University Press, 1998.
④ Voorhoeve A. How should we aggregate competing claims? Ethics, 2014, 125 (1): 64-87.

从相关伤害的最小化原则（Minimize Relevant Harms，MRH）出发，司机伤害骑行者的手臂是错误的，车主基于伤害的诉求是不相关的，因为相对于骑车人不遭受重大身体伤害的诉求而言，这些诉求不够强烈。适用 MRH 原则需要对基于伤害索赔的相对强度做出不明显的判断（包括将某些伤害归为大致同样严重的损害），但笔者不会试图使其更加精确，因为笔者在本文中的论述重点主要是该原则不适用的案例。

二、权利、责任和损害的公正分配

按照常理来说，道德毫无疑问是非功利的，它认为其他事物在要求 MRH 应用的意义上往往是不平等的。特别是，有时在道德上并不允许以尽量减少相关伤害的方式行事，因为这样做会侵犯他人的权利[①]。在本文中，笔者将假定这种观点是正确的，并探讨公正分配伤害的一些后果。权利在伦理学中的作用正是保护人们不被用来使伤害最小化或利益最大化。当然，有时我们会发现自己处于这样的境地，即所有可供选择的方案都涉及侵犯不同的人所具有的同等严格的权利。这样一来，即使是在侵犯权利的情况下，将伤害最小化的想法也是合理的。例如，如果一个司机必须在驶向一个无辜的人或驶向三个无辜的人之间做出选择，那么正确的做法肯定是选择危害较小的——驶向一个无辜的人，从而最大限度地减少对权利的侵犯。

然而，只要人们享有权利，就有可能出现不允许尽量减少伤害的情况。在与此相关的案例中，这是因为某人拥有不受伤害的完整权利，而避免侵犯这一权利的唯一方法会对失去不受伤害权利的人造成（或有可能造成）同等或更大的伤害。例如，如果三个劫匪试图杀死一个无辜的人以抢走他的钱包，那么为了救那个人，必要时杀死所有劫匪（即使他们之后会成为正直的公民）在道德上是允许的，因为他们已经丧失了不受伤害的权利，而那个无辜的人还没有。就像杰夫·麦克马汉（Jeff McMahan）和海伦·弗洛（Helen Frowe）等人论证的一样，笔者要说的是，当一个人丧失了免受因所作所为而导致的某种伤害的权利时，他有责任承担这种伤害，即使这将使其遭受伤害，但也并不是

[①] 在下文中，笔者将使用非结果论的语言，但笔者相信所说的一切都可以被复杂形式的结果论所包容（参见 Portmore D. Commonsense Consequentialism. New York：Oxford University Press，2011）。

错误的[1]。被公正定罪的罪犯因入狱而受到伤害,但他们并没有因此受到不公正待遇。然而,重要的是要牢记,一个人可能在不应该受到伤害或不应该受到指责的情况下丧失免受伤害的权利。此外,人们的权利并不是道德上唯一重要的考虑因素,因此,有时伤害一个没有责任心的人(例如,为了避免灾难)可能在所有道德情况下都是允许的。

那么,是什么使某人对伤害负有责任呢?在下一节中,笔者将阐述事故情况下的责任。其灵感来自杰夫·麦克马汉关于防卫性伤害责任的著名责任论证(尽管笔者不会假定其真实性)。麦克马汉的出发点是对朱迪斯·汤姆森(Judith Thomson)的自卫论证的不满,简单地说,该论证认为如果某人侵犯了某项权利,而侵犯该权利的严格程度足以造成成倍的伤害,那么即使他对自己的行为不负责任或有充分的理由,他也要对伤害负责[2]。但许多人认为,不负责任的威胁者(nonresponsible threats)并没有做任何事情以至于丧失自己不受伤害的权利(比如被推下悬崖的人),他们可能要对伤害负责。同样,虽然有借口的威胁(excused threat)确实参与了最终对他人构成威胁的行动,但他们中的一些人是凭借他们无法预见的因果联系才这样做的。例如,如果一个恐怖分子在你不知情的时候,在你的浴室里的电灯开关中安装了爆炸装置,打开开关就会导致炸弹在某处爆炸,你的行为确实对某人构成了威胁,但你可以进行充分的自我辩护,所以说你丧失了免受伤害的权利是说不通的。

根据麦克马汉的观点,这种不负责任的、有借口的威胁之所以不会造成伤害,是因为它们对其构成的不公正威胁不负道德责任。因此,他认为,防卫性伤害责任的标准是"通过缺乏客观理由的行动,对他人受到不公正损害的威胁负有道德责任"[3]。在此行动者缺乏客观理由,因为事实上他有足够的理由不实施该行为,无论他是否意识到这一点。如果你根据确凿的但却有误导性的证据相信有人要杀你,你就有主观而非客观理由在必要时伤害他。如果受害者拥有完整的不受伤害权,而且没有充分的理由推翻或者反驳这一权利,那么伤害性的威胁就是不公正的(或错误的)。

---

[1] McMahan J. The basis of moral liability to defensive killing. Philosophical Issues,2005,15:386-405;McMahan J. Killing in War. Oxford:Oxford University Press,2009;Frowe H. Defensive Killing. Oxford:Oxford University Press,2014.

[2] Thomson J. Self-defense. Philosophy and Public Affairs,1991,20(4):283-310.

[3] McMahan J. The basis of moral liability to defensive killing. Philosophical Issues,2005,15:394.

就笔者的目的而言，防卫性责任（defensive liability）中最令人感兴趣的条件是道德责任。根据麦克马汉的观点，必须是自愿采取且显然会给他人带来危险的行动，才需要对此承担道德责任。这就排除了被推下悬崖的人（他不是自愿的）和无辜地打开被安装了爆炸装置的电灯开关的人（他不知道自己在做什么）。然而，值得强调的是：与海伦·弗洛的观点一样，满足这些条件并不足以构成最低限度的道德责任，因为责任还取决于替代方案是什么——如果任何其他方案都会使行动者或其他人付出不合理的代价，那么他就对自愿带来的威胁不负有责任[1]。代价是不是不合理的，取决于行动者和受害人预期受到伤害的程度，以及行动者在造成伤害时可能扮演的因果角色[2]。

重要的是，在这种情况下，威胁的责任并不需要有不良意图。请看麦克马汉最具争议的例子。

认真的司机

一个人的汽车保养得很好，开车时总是小心谨慎、警惕性很高。然而，有一次突发情况导致汽车失控。汽车向一位行人的方向开去，除非这位行人使用哲学例子中行人通常配备的爆炸装置之一——将汽车炸毁，否则汽车会撞死他[3]。

麦克马汉认为，尽管司机采取了预防措施，但他对在自卫中被杀负有责任，因为"他自愿从事了一种提升风险的活动，当他提升的风险最终造成伤害时，他要对后果负责"[4]。在此必须牢记责任与应受谴责之间的区别：没有人声称认真负责的司机应受到某种道德批评。正如麦克马汉在他之后的著作中所论述的那样，同样重要的是要强调责任是一个程度问题，它与威胁所造成的伤害类型有关。事实上司机的认真负责是一个部分借口，因此他的责任程度较低。这意味着，如果有办法分担伤害的负担或风险，那么从道德上讲，让无辜的受害者分担一部分是最佳的选择[5]。例如，如果行人可以通过某种方式挽救自己的生命，即他可以让肇事司机的车转向，使他撞到树上而失去一条腿，那么他就应该这样做，即使这意味着他自己也会失去一根手指。此外，如果汽车

---

[1] Frowe H. Defensive Killing. Oxford: Oxford University Press, 2014: 73-76.
[2] Frowe H. Defensive Killing. Oxford: Oxford University Press, 2014: 74.
[3] McMahan J. The basis of moral liability to defensive killing. Philosophical Issues, 2005, 15: 393.
[4] McMahan J. The basis of moral liability to defensive killing. Philosophical Issues, 2005, 15: 394.
[5] McMahan J. Killing in War. Oxford: Oxford University Press, 2009: 161.

是及时将心脏病患者送往医院的唯一交通工具，那么司机完全可以免责，因为不开车会给其他人带来不合理的损失。在这种情况下，他似乎完全可以不承担防卫性伤害的责任。

将赔偿责任与道德责任联系起来的更深层次的理由是，如果无辜的一方必须承受的伤害本可以由造成威胁的一方来承担，那么由无辜者来承担伤害是不公平的。正如乔纳森·琼（Jonathan Quong）强调的，这是一个局部分配公正（local distributive fairness）的问题：如果某人的行为显然会对另一个人造成伤害，并且危险最终会发生，那么如果有可能改变承担伤害的主体，伤害就应该由最初制造风险的行动者来承担才公平[1]。这一观点让人想起政治哲学中运气均等主义的观点，根据这一观点，利益和伤害的分配不应该反映人们的不同情况，而应该考虑到他们所做的选择[2]。凯拉·戈登·索尔蒙（Kerah Gordon-Solmon）将这些观点联系起来如下：

> 从相关平等主义者的直觉上看，将一个人的选择的（全部）成本转嫁给无辜的第三方是不公平的。在预防性正义的背景下，与之平行的直觉认为，将一个人的风险活动所造成的（全部）伤害转嫁给无辜的第三方，同样是不公平的[3]。

如琼所言[4]，即使认真负责的司机并没有伤害受其故障汽车威胁的倒霉的行人，但他的自愿选择，导致了必须有人为此付出代价，因为他知道这种情况发生的概率是不可忽略的。即使没有人因这一行为而受到伤害，这种情况也似乎确实造成了两者之间的道德不对称，而这种不对称关系到风险应如何分配。

三、事故情况下的伤害责任

笔者一开始自然地认为，在其他条件相同的情况下，自动驾驶汽车的反应程序应尽量减少预期伤害的总和。但笔者要论证的是，当人们负责其必须在非

---

[1] Quong J. Liability to defensive harm. Philosophy and Public Affairs，2012，40（1）：45-77.
[2] 参见 Dworkin R. Sovereign Virtue. Cambridge：Harvard University Press，2000.
[3] Gordon-Solmon K. What makes a person liable to defensive harm？Philosophy and Phenomenological Research，2018，97（3）：543-567.
[4] Quong J. Liability to defensive harm. Philosophy and Public Affairs，2012，40（1）：45-77.

威胁之间分配的情况时，他们的行为可能会使他们对意外伤害负责，在这种情况下，使相关伤害最小化可能是错误的。首先，请看下面的案例。

（一）鲁莽

汤姆、迪克和哈里在参加了另一个兄弟会举办的一场盛大聚会后，正在回家的路上。他们兴高采烈，决定比一比谁跑得快。可惜在跑的过程中，他们忽略了交通安全，在跳过一堵墙后，他们突然出现在瑞琪的卡车前。由于他们的外表和当前的月份，瑞琪意识到发生了什么，但刹车已经来不及了。且由于单行道的左侧有一堵墙，避免撞到这三个人的唯一办法就是把卡车开到右侧的人行道上，而斯文正在那里吃完午饭准备走回公司。瑞琪必须在拿一个人还是拿三个人的生命冒险之间做出选择。

笔者认为，在鲁莽的情况下，瑞琪为了救汤姆、迪克和哈里而把卡车开向斯文是不对的。为什么？显而易见的原因是，汤姆、迪克和哈里首先要对造成这种风险状况负道德责任。正是他们的鲁莽行为迫使瑞琪做出选择。他们玩乐的代价不应该由斯文承担，因为斯文并没有做任何让自己需要承担受伤或死亡的风险的事情。相反，汤姆、迪克和哈里却让斯文需要承担这种风险。再次重申，当笔者说汤姆、迪克和哈里有责任时，并不是说他们应该被置于被杀的风险之中。他们并不是谋杀的凶手，而只是玩乐的孩子。但是，让他们承担因其鲁莽选择而造成的伤害风险，并不会冤枉他们，也不会侵犯他们的权利。

意外伤害责任的这一观点与防卫性伤害责任的观点非常契合。如果瑞琪转向斯文，直觉上，如果这是斯文唯一的自救方法的话，尽管用射线枪自救会粉碎瑞琪和他的卡车，这种自救也是被允许的。如果为了自救，斯文必须使用特殊的盾牌将卡车转向汤姆、迪克和哈里，那么他也可以这样做。相比之下，直觉上不允许汤姆、迪克和哈里为了自救而将卡车转向斯文。

请注意，尽管笔者在此所坚持的观点借鉴了防卫性伤害责任对责任的解释，但与它们并不完全相同。在鲁莽的情况下，对伤害的形成负有责任的行动者本身并不对任何人构成（重大的）伤害风险。因此，问题不在于他们是否对防卫性损害负责，而在于他们的行为使某人面临风险。如果汤姆、迪克和哈里没有跳到瑞琪的卡车前面，就不会有需要分配的风险。有些人可能会说，这种差异足以削弱对责任的论证。但是，受到运气均等主义思想的启发，对责任的解释不仅仅局限于自卫的情境——事实上，它们在分配不可避免的伤害时更为适用。回想一下戈登·索尔蒙的那句话：将一个人的风险活动所造成的（全部）伤害转嫁给无辜的第三方，同样是不公平的。如果瑞琪转向斯文，就会出现这种情况。

这个建议依赖于对不同运气的区分①。如果汤姆、迪克和哈里被卡车撞了，那么他们的选择运气（option luck）是糟糕的：他们赌了一把，结果输了。如果斯文在参与一项无法合理预期其风险的活动时被卡车撞到，那么他有坏的原生运气（brute luck）。当然，有人可能会反对说，在人行道上行走也是一种冒险的选择，因为车辆毕竟总是有可能偏离道路。但话又说回来，流星撞上你的房子也是有可能的。我们所做的一切都不可能全然没有风险。只要选择运气和原生运气之间存在区别（尽管并不总是一目了然），那么在分配伤害的背景下，这种区别就具有道德意义。事实上，考虑一下下面这个"鲁莽"的变体例子就会明白，厄运是选择运气还是原生运气是很重要的。

（二）迷路的奔跑者

亚伯、本和康斯坦丁参加了斯德哥尔摩马拉松比赛。他们有充分的理由正确地相信，这条路线是禁止通行的。然而，由于路标的误导，他们在不知不觉中拐错了弯。他们理所当然地认为自己走在正确的路线上，不太注意周围的交通情况，结果突然出现在比利的车前，越过了交通的界限。由于他们的穿着和对马拉松比赛的了解，比利意识到发生了什么，但刹车已经来不及了。单行道的左侧有一个隔离栏，他唯一能避免撞到这三个人的办法就是把车开到右边，而奈德吃完午饭后正走在回公司的路上。比利必须做出选择，是拿一个人的生命冒险，还是拿三个人的生命冒险。

在这里，亚伯、本和康斯坦丁在因果上对制造一个危险情境负有责任。但他们参加一场组织严密的比赛，并不能合理地预料到会出现这种情况。他们的厄运是原生运气。他们的处境类似于那个不知情地按下开关却引爆炸弹的人。因此，他们对于需要分担的风险不负有道德责任。这就是为什么他们的权利是完整的，他们与奈德的道德处境是对称的（例如，为了捍卫奈德的权利而将车

---

① Dworkin R. Sovereign Virtue. Cambridge: Harvard University Press, 2000: 73.

转向三人的方向是不对的)。因此，转向奈德可以将对同等严格的权利的侵犯降到最低。

究竟是什么让我们需要对创造一个需要某人承受风险的情境负有充分的道德责任呢？笔者的两个案例强调了认识论条件：一个人必须能够知道自己的行为会造成不可忽视的伤害风险。风险是否可以被忽略既取决于其概率，也取决于潜在危害的严重程度——比如说，即使是核泄漏的微小风险也是不可忽略的。但正如弗洛所强调的，我们还应该包括一个合理规避能力的条件：行动者必须有其他可以做的但不会付出过高代价的事情（比如睡觉）。行动必须是（充分）自愿的，无论这一点是如何体现的（笔者并不想在这里给出道德责任的一般理论）。笔者将在下文中总结这些条件。

（三）风险情况下的最低道德责任

在以下情况下，A 至少要对其 F 行为造成的 S 情况（在这种情况下，某人会面临伤害 H 的风险）负最低限度的道德责任：①他有能力知道，在当时的情况下，F 行为会造成类似 S 情况的不可忽略的风险；②他本可以采取不同的行为，而不会使自己或他人付出不合理的代价；③他自愿采取 F 行为。

"迷路的奔跑者"与"鲁莽"不同，不符合条件①。如果汤姆、迪克和哈里因为躲避恐怖袭击而不顾一切地到处乱跑，他们也不符合②项条件，同样可以免责。

笔者所给出的支持对事故案件进行直观判决的理由，可以总结为以下原则，它将意外伤害的责任与上述意义上的道德责任联系在一起。

（四）意外伤害责任论

行动者 A 在不可避免的事故中对伤害负有责任，前提是当且仅当 A 至少对造成必须有人遭受伤害（风险）的情况负有最低限度的道德责任，并且有可能将伤害风险转移给 A。

在此，笔者重点讨论造成危险情况的风险，因为这才是交通案例中的相关内容。以"鲁莽"为例。汤姆、迪克和哈里在路上奔跑并没有直接给斯文带来危险，但他们还是造成了有人可能受到伤害的情况，并且至少要为此承担最低限度的道德责任。根据意外伤害责任论（The Responsibility Account of Liability to Accidental Harm，RALAH），他们对伤害负有责任。

重申，说行动者对伤害 H 负有责任，就是说他没有不受到伤害的权利。因此，RALAH 并未说明什么是道德上允许的或有义务的。但是，通过责任的概念，我们就可以制定一个分配风险的原则。

（五）必要的风险转移

根据推定，有能力这样做的行为人在道德上必须将伤害风险从无责任方转移到有责任方（理想情况下，转移方式应反映责任程度），而不能将风险从有责任方转移到无责任方。

笔者是用推论的术语来表述必要的风险转移（The Required Risk Shifting，RRS）的，因为其他与道德相关的考虑因素有可能凌驾于责任之上——例如，考虑到特殊的义务，从道德上讲，即使你的孩子对风险负有责任，你也可能不需要在道德上将风险转移给他们。

笔者将 RALAH 与 RRS 的结合称为"意外伤害的责任焦点说"（The Responsibility-Focused Account of Accidental Harm）[简称"责任焦点说"（The Responsibility-Focused Account）]，以区别于防卫性伤害的相关观点。它（毫不奇怪）导致了笔者所讨论的两个案例的直观判断：如果可能，风险必须指向"鲁莽"中的跑步者，而不是"迷路的跑步者"中的跑步者。这些原则对于其他类型的事故情况也有看似正确的影响。例如，在"推搡者"一案中，两个人因认为受到侮辱而将另一个人推到车道上。在无特殊情况下，根据 RALAH，这两个人都应承担责任，RRS 可以要求司机尽可能地将风险转移给他们，而不是通过撞击路上的一个人将伤害降到最低。

除了诉诸在某些典型案例中似乎具有规范性差异的考虑因素外，责任焦点说至少可以在一些主要的道德框架内得到辩护，如契约论和规则后果论[1]。受限于篇幅，笔者在此无法进行全面讨论，但想简要提出一个关于契约论辩护的建议。在斯坎伦（Scanlon）看来，一种行为之所以大致上被允许，是因为它

---

[1] 规则后果论版本的故事认为，如果人们内化并传播在分配意外伤害时忽视风险责任的道德准则，那么避免制造危险情况的动机就会减弱，从而导致比内化注重责任的说法更大的总体伤害。参见 Hooker B. Ideal Code, Real World: A Rule-consequentialist Theory of Morality. Oxford: Oxford University Press, 2000.

被一种对他人而言合理的一般行为规范原则所允许,也就是说,在相互寻求可接受的安排的过程中,没有人能够合理地拒绝该原则。①这一公式(原则)将聚焦在从个人角度对拟议原则提出的反对意见上,而没有将不同个人的反对意见汇总在一起。重要的是,合理拒绝的理由并不局限于允许某些行为类型对福利的影响。与本文的目的最相关的是,斯坎伦在讨论选择的价值时强调,一个人对允许潜在有害政策的反对力度取决于该政策是否允许他选择规避风险——例如,即使一个人由于将危险材料运送到安全地点而受到伤害,但如果他得到了充分的警告并有真正的机会避免伤害,他就可能没有投诉的权利②。

那么,我们可以以责任焦点的意外伤害分配原则与不注重责任的意外伤害分配原则进行比较。从表面上看,任何人都有理由反对允许将巨大伤害的风险指向自己的原则。但是,在道德上对危险处境的存在负有责任的人的抱怨,要比那些不负责任的人弱得多。毕竟,他们本可以在不付出不合理代价的情况下,选择做一些不会让任何人受到伤害的事情。与此相反,那些选择了不构成风险(不可忽略的)的行为方式的人,则对不得不承担他人选择的代价有强烈的抱怨。因此,就选择具有价值而言,不考虑责任的意外伤害分配原则似乎可以被合理地拒绝,而笔者所捍卫的那种原则则不能。

因此,责任焦点说也可以在更多的理论基础上进行辩护。在继续讨论其对自动驾驶汽车的影响之前,笔者想考虑一种特殊情况,即其对驾驶员责任的影响,如下文所述。

(六)有选择的认真驾驶者

雪莉的车保养得很好,开车时总是小心翼翼、警惕性很高。然而,一个星期天,当她开车去一家新开的餐馆吃饭时,突发情况导致汽车失控,冲向了在路边公园晒太阳的彼得。雪莉意识到,她只有两个选择:撞上彼得,或者冒着生命危险把车开进峡谷。

如果 RALAH 是正确的,那么雪莉就应该对意外伤害负责(假设背景条件正常),而彼得则不需要。这是因为雪莉至少要对造成这种危险情况负最低限度的道德责任,因为她知道或应该知道开车兜风有不可忽视的风险,并且她决

---

① Scanlon T. What We Owe to Each Other. Cambridge: Harvard University Press, 1998.
② Scanlon T. What We Owe to Each Other. Cambridge: Harvard University Press, 1998: 256-260.

定这么做，而不这么做的代价并不合理①。然而，由于她已采取措施将风险降到最低，她的责任程度很低，因此需要承担的责任程度也不高（事实上，笔者认为鉴于雪莉的自觉性，她可能不需要承担防卫性伤害的责任，这与麦克马汉的观点相反）。因此，RRS要求彼得尽可能分担一些责任。然而，根据规定，在本案中这是不可能的。虽然雪莉有部分借口，但事实证明，正是因为她的选择，有人将面临致命的危险。因此，如果其他条件相同，RRS要求她转向峡谷。

但是，雪莉在道德上需要牺牲自己吗？不一定。大多数非后果论者相信以行为主体为中心的特权或选择允许在一定程度上将自己的利益置于他人利益之上。②在这里，"做"（doing）与"允许"（allowing）之间的道德不对称性发挥了作用。人们普遍认为，我们有特权允许别人去死，而拿自己的生命去冒险、为了自保去杀害旁观者则是不允许的。然而，琼认为，我们也有特权去伤害对我们构成致命威胁的非责任人，因为在这种情况下，如果我们不得不放弃自己的生命，那么道德对我们的要求就太高了。③雪莉在这里占据了一个有趣的中间位置，因为她发动了威胁，但她并没有把威胁指向彼得。可以说，如果为了自救，虽然她转向彼得是不被允许的，但如果她不得不冒着致命的危险（尽管彼得本人并不构成威胁）转向别处，那么道德要求又太高了。在这种情况下，RRS的推论就会落空。

至于雪莉是否有这样的特权，笔者暂且不论。无论如何，值得考虑的是，如果中立的第三方有某种机会指挥汽车（比如通过遥控），那么他们应该怎么做。笔者的观点是，他们在道德上必须指挥汽车，将风险施加给雪莉。因为在这种情况下，雪莉是唯一对意外伤害负有责任的一方。因此，第一人称视角和第三人称视角所允许的行为之间可能存在不对称，这在下文中将会有所涉及。

---

① 彼得是否也要为制造这种危险情况负责，因为如果他不在那里，这种情况就不会存在，而且他也知道这种情况可能会发生？不，因为他在公园里晒太阳和被迫在生与死之间做出选择相比，其风险微乎其微，这与在无保护人员附近操作高速运转的相当大的机器所涉及的风险不同，无论多么小心谨慎。（感谢英文刊的一位审稿人提出对对称性的担忧。）
② Scheffler S. The Rejection of Consequentialism. Revised edition. Oxford: Clarendon Press, 1994.
③ Quong J. Killing in self-defense. Ethics, 2009, 119（3）：507-537.

四、对自动驾驶汽车编程和使用的影响

在上一节中，笔者考虑了人类驾驶员在各种交通事故情况下应该怎么做，同时考虑了谁对伤害应该负责。现在，笔者将谈谈这对自动驾驶汽车的编程或使用伦理的意义。

这里要解决的一个初步问题是，碰撞优化算法应如何与人类驾驶员在相应情况下的道德选择相联系。笔者的假设是，自动驾驶汽车应被编程为仅以人类司机被允许的方式行事。例如，如果不允许人类驾驶员撞向"迷路的奔跑者"，那么也就不应该允许自动驾驶汽车这样做（不过，笔者将在下文中论证，有些事情是允许驾驶员做的，但对车辆进行编程却是不允许的）。

如果上一节的论点是正确的，那么车辆就必须被这样制造并对其进行这样的编程，使之在适当情况下能像在 RRS 和 MRH 的引导下一样行动。如果 MRH 是唯一相关的原则，那么这项任务在不久的将来就可以通过可想象的技术实现。我们可以先将伤害分为五个不同的严重程度等级。①也许死亡属于一级伤害，严重永久伤残属于二级伤害，以此类推，直到对可替代财产的伤害属于五级伤害。有了足够的数据，我们就可以根据特定类型的碰撞（考虑到人或财产的哪个部位被撞击、以何种速度、从哪个角度等），得出每种伤害的概率。下一步是计算车辆在这种情况下的每种可行轨迹（由刹车效果、转向可能性、可能的相邻车辆和潜在目标的轨迹等决定）发生此类碰撞的概率。那么，车辆的任务就是按照字典序选择伤害概率最小的轨迹——首先确保没有人死亡；如果造成人员死亡的概率可以忽略不计，则尽量减少造成的残疾总和，以此类推。②

然而，还有在适用时优先于 MRH 的 RRS。要使车辆遵守 RRS，就必须检查每个潜在的受害者是否应根据 RALAH 来承担责任——大致来说，他们是否因可预见地创造了危险情境而负有责任？在这里，只知道谁是因果责任人是

---

① 正如一位评审员所指出的，有一些经过精心设计的医学量表来评估伤害的严重程度，比如 the Abbreviated Injury Scale（简易伤害量表）(https://www.aaam.org/abbreviated-injury-scale-ais/)。
② Jenkins 等还是按照这一思路提出了相当详细的建议，尽管这些建议并没有被纳入相关标准。希默尔赖希等在书的引言中指出了一个复杂的问题，即在平凡、低风险的情况下，其他比如驾驶算法的功效和对环境的影响等价值也与道德相关，因此可能需要在风险最小化的基础上进行权衡。

不够的，因为一个人可能是因果责任人而不承担责任，"迷路的奔跑者"就是这种情况。相反，除了对因果事实的了解之外，还需要通过复杂的读心能力来判断某人是鲁莽行事还是故意制造危险情况。只要掌握了正确的信息，人类往往就很擅长这种判断（当然也会犯错）。我们每天都会做出这样的判断，它们会影响我们的态度，即使不一定会影响我们的行为。我们会对地铁车厢中因为没注意推了我们的人感到愤怒，但不会对失去平衡的人如此；我们会按喇叭提醒认为我们会让路而加速冲上马路的骑行者，但不会对没有注意到我们的骑行者如此。没有理由认为这些判断是系统性错误。然而，对于现在和不久的将来的自动驾驶汽车来说，实时捕捉这种微妙的线索似乎是相当不可能的任务。因此，对自动驾驶汽车进行 RRS 编程似乎并不可行。

笔者将在结论部分再谈这种可能失败的影响。但在此之前，笔者想先谈谈一个有趣且有争议的特例，它并不依赖于读心术：如何对待自动驾驶汽车的用户。为简单起见，让我们把注意力集中在只有一个用户的自动驾驶汽车上。相对于非使用者，自动驾驶汽车是否应该特别重视使用者的安全，这是一个备受争议的问题。如果用户有可能受到伤害，这将是一个错误。为了强调责任问题，让我们构建一个与"有选择的认真驾驶者"类似的案例。

认真的使用者

杰瑞对他的自动驾驶汽车保持良好维护和更新，并且它一直安全地将他带到目的地。然而有一次，突发情况导致汽车失控，冲出了公路，撞向了正在路边公园享受日光浴的简妮。杰瑞汽车的计算机计算出只有两条现实的轨迹，其中一条会撞上简妮，另一条则会和杰瑞一起坠入峡谷。计算机估计，每条轨迹都会给人带来一级伤害的高风险。

在这种需要权衡利弊的情况下，杰瑞的汽车应该如何编程呢？这里有一个论点，大意是应该让它转向峡谷。

（1）即使是自动驾驶汽车的认真使用者，如果他知道或应该知道选择的行为方式可能会给某人带来有严重伤害的风险，而这个人没有责任以这种方式受到伤害（假设替代方案的成本并非不合理），那么他至少要承担最低限度的道德责任。

（2）如果当事人在最低限度上对选择以可预见地可能导致某人必须承担

严重伤害风险的方式行事负有道德责任，那么该当事人至少要承担最低限度的道德责任，即在某种程度上有造成伤害的责任。（源自 RALAH 原则）

（3）因此，即使是自动驾驶汽车的认真的使用者，如果其负责任的选择所导致的可预见风险得以实现，那么他也有造成伤害的责任（程度较低）。

（4）在休闲区享受日光浴的人不承担与交通事故有关的损害赔偿责任。

（5）如果对责任方或非责任方造成伤害的风险是不可避免的，且不存在其他道德考虑因素（如灾难性后果或特殊要求），而第三方可以将风险导向其中任何一方，则第三方必须将风险导向责任方。（源自 RRS 准则）

（6）自动驾驶汽车的程序员是且应该是用户和晒日光浴的人的第三方。

（7）因此，自动驾驶汽车的程序员必须确保在冲突情况下，自动驾驶车辆默认将（较大份额的）风险导向用户。

否定这一论点最明显的方法就是否定第一个前提。例如，赫威尔克和尼达·吕梅林认为，自动驾驶汽车的用户无须对其车辆带来的风险负责。他们的论点是，"自动驾驶汽车发生碰撞的人与自动驾驶汽车的其他用户并没有做任何不同的事情，他只是运气不好"[1]，而这种道德上的运气不好并不会使行动者受到谴责，因为他们并没有做错任何事。这一论点的问题在于，虽然道德上的厄运很可能使可归责性不成立，但这并不意味它能使责任不成立。没有人说，如果出了差错，认真的司机或使用者就应该受到谴责。这一主张是基于风险的公平分配，在这里，有人必须承担风险这一事实是司机行为的可预见结果，这一点很重要。在笔者看来，一个认真的使用者与一个认真的普通驾驶员相比，在给无责任的其他人造成风险方面所承担的责任并不算轻。正如尼霍姆所言，自动驾驶汽车的使用者类似于监督者或管理者，他们与为其工作的人共同承担责任，即使他们并不直接行使能动权，这一点在此也很贴切[2]。可以说，这种监督责任在其他情况下也足以构成赔偿责任，为什么在这里就不可以呢？

该论证可能受到质疑的第二点是第六个前提。这是与"有选择的认真驾驶

---

[1] Hevelke A, Nida-Rümelin J. Responsibility for crashes of autonomous vehicles: an ethical analysis. Science and Engineering Ethics, 2015, 21（3）: 627.

[2] Nyholm S. Attributing agency to automated systems: reflections on human-robot collaborations and responsibility-loci. Science and Engineering Ethics, 2018, 24（4）: 1201-1219.

者"案例的关键区别。在那个案例中,笔者认为,如果雪莉拥有以代理人为中心的不牺牲自己的特权,那么即使她有责任,在道德上她也可以不牺牲自己。但是,如果杰瑞的汽车是由帕蒂编程的,而帕蒂对杰瑞或简妮都没有特殊的义务,那么 RRS 原则就要求她确保由杰瑞而不是简妮承担不可避免的风险。然而,在这里,技术带来了一种耐人寻味的可能性。笔者前面提出的论点表明,由于杰瑞的责任程度较低,如果可能的话,意外伤害的责任应该由他和简妮共同承担。在上述方案中,只有其中一人必须承担全部后果。但是,还有另一种方法可以让汽车的行为反映出两个潜在受害者在责任上的微小差异:可以对汽车进行编程,让它以一定的概率向一个方向或另一个方向行驶。比如说,杰瑞的生命受到威胁的概率是五分之四,而简妮的生命受到威胁的概率是五分之一。这种随机化对于人类驾驶员来说是不可能的,但在自动驾驶汽车中很容易实现。

否定第六个前提的另一种方法是认为碰撞算法应由用户决定。[①]然而,即使我们允许用户执行导致巨大自我牺牲的设置,但让用户在意外情况下确保自己的生存在道德上也是不可接受的。[②]毕竟,有什么能作为这种等同于伤害的特权的基础呢?笔者在前面说过,一个有良知、有选择权的司机可能会被允许通过让自己的汽车撞上行人来挽救自己的生命,但不允许为了避免掉进峡谷而转向行人。要求有良知的用户在罕见的事故情况下接受受伤或死亡的风险,而不是让他们的车辆程序伤害无辜的一方,这在道义上也要求过高。要求一个人冒着几乎必死的危险去救一个陌生人是一回事,而要求他把握微乎其微的死亡机会去救另一个人又是另一回事。

五、结 论

在不久的将来,大部分或全部自动化交通技术肯定能拯救生命。但如果笔者的论点是正确的,那么它就不一定能拯救正确的生命。反过来说,如果技术

---

① Contissa G, Lagioia F, Sartor G, The ethical knob: ethically-customisable automated vehicles and the law. Artificial Intelligence and Law, 2017, 25(3): 365-378.
② 这与赋予用户低风险伦理设置的权限是一致的,因为在低风险伦理设置中,用户只需承受轻微伤害的风险。参见 Millar J. Ethics settings for autonomous vehicles//Lin P, Jenkins R, Abney K(eds). Robot Ethics 2.0: From Autonomous Cars to Artificial Intelligence. New York: Oxford University Press, 2017: 20-34.

不能对决定责任的微妙因素做出反应，最终技术将侵犯许多人不受伤害的完整权利。

许多作者，如霍华德、赫威尔克和尼达·吕梅林认为，安全性的提高使得开发和引进自动驾驶汽车在道义上势在必行。同时，赫威尔克和尼达·吕梅林自己也承认，"对某些人基本权利的侵犯不能以对其他人的利益为基础而合法化这种侵犯，无论这种利益有多大"。①

如果我们采取这种绝对主义的立场，那么根据笔者所说的，在自动驾驶汽车具备区分责任方和非责任方并分配相应风险的能力之前，就不应该允许其上路行驶。当然，人类在这些问题上也容易犯错，所以引入的基准不应该是完美的合规性，而应该是接近人类成就的水平。然而，如果采取绝对主义的立场，很可能会导致自动驾驶汽车的引入被长期拖延——在撰写本文时，自动驾驶汽车偶尔会在识别交通信号灯是绿灯还是红灯以及辨别停车标志方面遇到困难，因此我们很难期望自动驾驶汽车能够评估行驶人的鲁莽行为或过失②。

不过，笔者并不想得出如此戏剧性的结论。我们可以做出各种妥协。在道德方面，我们有时会接受一定程度的不可避免的侵权行为，以此作为减少整体伤害的代价，因此，如果笔者所讨论的这种情况足够罕见，而自动化带来的好处足够大，那么道德风险也许是可以接受的。不过，笔者想强调的是，我们必须考虑到对非责任方造成损害风险的增加，这在公共讨论中尚未被涉及。另外一种可能的妥协是一种实用的折中方案：也许我们应该要求人类驾驶员在与他人相撞风险较高的区域控制自动驾驶车辆，除了遵守交通规则外，还需要具备读心能力③。这种折中方案可能意味着事故总数会增加，但人类辨别能力的使用将挽救一些无辜的生命。无论如何，风险责任和义务问题都将在自动驾驶汽车和机器人伦理中占据重要地位。

---

① Hevelke A，Nida-Rümelin J. Responsibility for crashes of autonomous vehicles: an ethical analysis. Science and Engineering Ethics，2015，21（3）：622.
② 参见 The Drive. California Reports highlight autonomous cars' shortcomings. http://www.thedrive.com/tech/20561/california-reports-highlight-autonomous-cars-shortcomings[2018-05-13].
③ 戴维·明德尔（David Mindell）在《我们的机器人，我们自己》（*Our Robots, Ourselves*，2015 年）一书中指出，人工智能和人类智慧的互补优势有利于发展两者的混合体（这篇文献由英文刊物的审稿人提供）。

Who Should Bear the Risk When Self-Driving Vehicles Crash?

Antti Kauppinen

(University of Helsinki)

Abstract: The moral importance of liability to harm has so far been ignored in the lively debate about what self-driving vehicles should be programmed to do when an accident is inevitable. But as discussions in the context of self-defense have highlighted, liability matters a great deal to just distribution of risk of harm. While it is sometimes morally required simply to minimize the risk of relevant harms, this is not so when one party is responsible for creating the risky situation, which is common in real-world traffic scenarios. In particular, insofar as possible, those who have voluntarily engaged in activity that foreseeably poses the risk of harm should be the ones who bear it, other things being equal. This should not be controversial when someone intentionally or recklessly creates a risky situation. But I argue that on plausible assumptions, merely choosing to use a self-driving vehicle typically gives rise to a degree of liability, so that such vehicles should be programmed to shift the larger share of the risk from innocent outsiders to users by default. Insofar as automated vehicles cannot be programmed to take all the factors affecting liability into account, there is a *pro tanto* moral reason to restrict their use.

Keywords: liability for harm, autonomous vehicles, risk distribution, moral reasons, factors of responsibility

智能治理的信任阈值*

刘永谋　彭家锋

（中国人民大学）

摘　要：当代社会是技术治理的社会。智能革命的兴起，更使得技术治理上升到"智能治理综合"的新阶段。对突发公共卫生事件的积极应对，生动地彰显了智能治理的效力，亦暴露出技术治理推进中存在的一些问题，尤其智能治理的社会信任问题。智能治理信任度会随着不同国家和文化而有所变化。但究其根本存在着信任阈值——信任下限和信任上限。前者指向智能治理的敌托邦，后者指向智能治理的乌托邦，未来的发展道路必然居于二者之间。在智能治理系统的设计中，从"大设计"到"小设计"的规则转变，有助于缓解信任焦虑，实现真正的可信任的智能治理。

关键词：智能治理，信任，乌托邦，渐进主义

一、问题引入：何种智能治理不可信任

随着智能技术的勃兴，当代社会逐渐从一般技术治理社会发展到智能治理社会的新阶段；同时，它还伴随着一系列智能治理的新问题。所谓智能治理，是指将智能技术运用于当代社会的治理活动；所谓智能技术，一般指互联网、物联网、大数据、云计算、VR、区块链、人工智能技术等信息与通讯技术（information and communication technology，ICT）的最新进展，均与所谓"机器智能"的概念相互关联。

---

* 基金项目：本文是国家社科基金重大项目"现代技术治理理论问题研究"（项目号：21&ZD064）的阶段性成果。

近年来，与智能治理相关的新闻事件层出不穷，备受社会关注。一方面，智能治理深入到社会的方方面面。在个人生活领域，人们已经习惯于通过查询智能手机获取天气预报信息——比如温度、风力、空气、湿度、历年同一天的平均状况等——然后根据预测数据，来决定是否出门、穿什么衣服。这是典型的"大数据生活"。在公共事务领域，智能治理同样是大规模地急速推进。比如外卖平台运用智能技术严格控制骑手的派送时间；亚马逊采用 AI 系统分析员工的工作表现，用来决定是否将其解雇。在政治领域，比如 2016 年的美国总统大选中，双方都采用了大数据技术为其竞选助力；甚至连特朗普的一条看似简单的推特背后都有大数据技术作为支撑。

另一方面，人们仍然对智能治理存在各种各样的忧虑。比如新冠疫情期间老年人无法像大多数年轻人那样轻松地使用健康码出入公共空间和享受在线公共服务。而且随着各种社会事务转移到互联网与移动端，万事都需要"扫码"、下载 APP，老年人群体已经有被技术所抛弃的趋势，这种现象被我们称为技术拒绝[①]。为此，国务院办公厅还曾专门发文，要求切实解决老年人面临技术拒绝所遭遇的困难。再比如苏州"文明码"、温州"师德码"，《人物》杂志文章《外卖骑手，困在系统里》，以及互联网巨头反垄断的争论，都与智能治理相关。

其中，智能治理与信任的关系也成为当前讨论的一个热点话题。显然，智能技术的推进与社会对它的接受度密切相关。社会对智能技术的治理运用存在一个根本性的信任或容忍的限度。这与社会对智能治理的未来想象有很大的关系，人们对智能治理的接受度必然处在某一阈值区间内。也就是说，智能治理是面向未来的，社会对智能治理的接受度必然是在想象空间的基础上形成的，具有阈值的可能性空间。如果超出该空间，相应的智能治理便不再被信任。在笔者看来，有两种智能治理蓝图是不能信任的：一种是因为智能治理远景太坏不能被信任，笔者称之为信任下限；另一种是因为智能治理远景太好而不能被信任，因为看起来完美设计的背后可能蕴藏着巨大的极权主义风险，笔者称之为信任上限。因此，笔者所谓的智能治理的信任阈值，便是介于信任下限与信任上限之间的信任空间，可谓之为"介于敌托邦与乌托邦之间"。

[①] 杨庆峰，闫宏秀，段伟文，等. 技术有病，我没药. 上海：上海三联书店，2021.

二、信任下限：智能治理的敌托邦

首先需要解释的是信任的下限。这是一种悲观主义的底线思维，常常与著名的电子圆形监狱理论相关。有哲学家担心，互联网可能成为电子圆形监狱（electronic panopticon）。"圆形监狱"是由边沁提出、福柯等人发展的一种治理理论。边沁认为，他所处时代所面临的严重治安问题可以运用圆形监狱加以解决，而圆形监狱理论就是"无处不在的监视"[1]。圆形监狱理论被福柯发展为规训理论，他将知识-权力对人的行为改造称为规训，认为规训技术在19世纪下半叶从监狱扩散到整个社会，现代西方社会本质上是规训社会或监狱社会[2]。疫情发生不久，意大利哲学家 G. 阿甘本（Giorgio Agamben）就敏锐地觉察到规训社会的本质，借此发展其早年提出的集中营理论，即整个社会是一个集中营。阿甘本与福柯一脉相承，规训和集中营仅仅是说法不同。不过阿甘本所处的网络时代在 ICT 技术的加持下加剧了规训化趋势，不再是肉体的规训，而是数字化或电子化的规训，笔者称之为电子规训。因此智能治理引发的担忧就是当代社会是否会变成一种电子圆形监狱。奥威尔（George Orwell）的小说《一九八四》就有类似的描写，即利用电子屏幕对所有人进行监视[3]。

电子圆形监狱理论主要考虑的是隐私问题，而在智能革命发生之后，就不再仅仅是隐私问题。因为除了监视，机器人还可以采取行动，比如直接对人身进行拘押。如果当机器人监控和行动的能力应用到公共事务和政治领域时，就会产生比电子圆形监狱更强的负面效应。所以，智能技术可能带来真正的电子监狱。好莱坞很多"AI 恐怖片"不断展示这一图景。最具代表性的是电影《终结者》（The Terminator）系列中的天网（Skynet）。整个社会成为完全的电子监狱，笔者称之为 AI 机器国。这种想象在西方很是流行，它所勾勒出来的未来社会是一架完整、严密和智能的大机器：由于智能技术的广泛应用，每个社会成员都成为这个智能机器上的一个小零件，且随时可被更换，和钢铁制造的零件没有差别。这就是恐怖的 AI 机器国。

---

[1] Bentham J. Panopticon: or the Inspection-House. Dublin: Thomas Payrne, 1791.
[2] 福柯. 规训与惩罚：监狱的诞生. 刘北成，杨远婴译. 北京：生活•读书•新知三联书店，2003.
[3] 奥威尔. 一九八四. 董乐山译. 沈阳：辽宁教育出版社，1998.

AI 机器国具有以下四个特征。第一，AI 机械化，即将人、物、社会等都视作纯粹机械或智能机器的监督对象，机器对一切都要事无巨细地进行智能测量，包括人的思想情感。它们均可以被还原成心理学和物理学的事实来进行对象化操作。科幻电影《她》(*Her*)就呈现了对人与电脑程序恋爱的想象。

第二，AI 效率化。AI 机器国的核心价值主张是效率，智能要讲求效率，科学技术是最有效率的，没有效率的东西比如文化、文学和艺术都可以取消。AI 机器国追求的目标就是科技极致发达，物质极致丰富，人类文明不断向外扩展。就像科幻影视系列作品《星际迷航》(*Star Trek*)，"企业号"在太空中不断探索，但却不知道探索和扩张的原因。

第三，AI 总体化，这就是说整个社会是一个智能总体，按照建基于物联网、大数据、云计算和 AI 等智能技术之上的社会规划蓝图来运转。所有国家政党、社会制度、风俗习惯以及个人生活都受到全面改造，没有人能够逃脱总体化的智能控制。

第四，AI 极权化。AI 机器国是反对民主和自由的，认为民主和自由没有效率，支持的是由智能专家、控制论专家掌握国家大权，公开实行等级制度，然后以数字、智能和控制论的方式残酷地统治社会。

最近，元宇宙被爆炒，悲观主义者看到另外一种可能的 AI 机器国。它表面看起来非常舒服，笔者称之为舒服的电子监狱。元宇宙就是舒服的电子监狱之集大成者，很多人自愿成为其中的囚徒。比如《黑客帝国》中的 Matrix 就是以 20 世纪末发达资本主义富裕社会为模板的舒服的元宇宙。它如此舒服，以至于叛徒赛弗（Cypher）不愿在物理世界中生活，不惜出卖战友，也要回到 Matrix 中去，情愿做机器人的电池。再比如科幻电影《虚拟革命》(*Virtual Revolution*)中的赛特尼斯（Synternis）也是舒服的元宇宙。一群革命者千辛万苦将病毒植入元宇宙公司主机，破坏元宇宙，一厢情愿地认为人们可以重回现实。结果却导致被迫下线的暴民涌入革命者的据点，将革命者全部打死，然后重新回到元宇宙中。

以上两部影片的结局意味深长，它们出现的可能性或许远大于《头号玩家》(*Ready Player One*)中正义战胜邪恶、元宇宙被控制的"完美结局"。面对这种状况，人们是否已经自愿在元宇宙中坐牢了？人一旦进入元宇宙，一切都会留下痕迹，完全谈不上什么隐私了。元宇宙可以用来研究人类的行为，研究如何控制人。比如研究让玩家在游戏中成瘾的技术，此时便成为笔者所谓的"电子规训"。元宇宙和其他舒服的电子圆形监狱一样，从根本上都是被自己的感官欲望关押的囚徒，仍然是一种"AI机器国"，仍然属于信任的下限。

三、信任上限：智能治理的乌托邦

信任上限同信任下限一样，都是本文所构想的不值得信任的表现。乐观主义者设想的AI理想国，看似美好，但背后却有着深层的专家集权体制的危险。AI理想国以乐观预期为支撑：机器人最终即使不能取代人类的所有劳动，也能替代绝大部分的人类劳动。显然，单纯从技术上说，这是非常合理的预期。

在现实生活中，自动化工厂、无人超市、智能旅馆和AI物流等出现，虽然创造了一些新的工作岗位，却导致更多人为此失业。笔者称之为"AI失业问题"，C. 蔡斯（Calum Chace）称之为"经济奇点问题"[1]。我们都认为，从长远来看，"AI失业"不可避免。因为robot一词的原意就是机械劳工，发明机器人的目标就是让人类从繁重的劳动中解放出来，所以，除非智能革命停止，否则从大趋势上看"AI失业"只会愈演愈烈。同时，虽然AI应用催生了很多零工岗位，可以通过网络平台进行远程的外包或众包，但AI创造岗位的数量与造成的失业数量相比并不相当，而且从长远来看"自动化的最后一英里悖论"可能只是暂时情况。

因此，从长远看，应该关注的问题不是费尽心力创造新的工作岗位，而是智能社会需要新的制度安排。不是失业的人不愿劳动，而是AI把工作做了。即使机器人生产的物资堆满仓库，也有人吃不饱穿不暖。一些理想主义者认为，问题的根源在于少数人利用货币制度压迫大多数人，所以应该对未来智能社会的社会制度重新进行设计。

按照马克思主义的说法，AI失业问题本质上是科技的巨大生产力与现有社会生产关系之间的矛盾，现有的社会制度不适应科技生产力的发展。按经济学家 J.K. 加尔布雷思（John Kenneth Galbraith）的说法，这是"富裕社会"的问题[2]。在富裕社会中，社会生产的物质财富总量远超过社会成员的基本需要。

---

[1] 蔡斯. 经济奇点：人工智能时代，我们将如何谋生？任小红译. 北京：机械工业出版社，2017.
[2] 加尔布雷思. 富裕社会. 赵勇，周定瑛，舒小昀译. 南京：江苏人民出版社，2009.

更早的技术统治论者 H. 斯科特（Howard Scott）、H. 洛布（Harold Loeb）等人认为，美国和加拿大在 1929 年就已经进入到这样一个阶段。

随着 AI 技术的发展和传播，"AI 富裕社会"开始出现，AI 失业问题将很快（可能一个世纪左右）使得可以简单修补的问题变得难以解决。彼时新制度的全盘设计将会是怎样的呢？各家意见不一，但有一些基本共识，比如数字共产主义的畅想：①统一生产，让机器人全力开动；生产力极大提高，按照每个人所需在全社会范围内平均分配。②工作时间大大缩短，直至基本不用从事传统意义上的劳动。在大量的闲暇中，人们从事文化、艺术和体育活动，逐渐提升整个人性。③取消货币，财产不可继承，没有银行，财富不能积累，也不能通过储蓄和投资获利，经济上人人平等。④人们在工业系统中的晋升，由专业能力和从业资历决定，从最普通劳动者中逐级提拔，不看出身和裙带关系。⑤政府由行业顶级专家组成，主要管理经济事务，保障大家的经济自由，对其他社会事务尤其是宗教和文化，保持宽容。

此类理想设计，笔者称之为 AI 理想国。显然如果没有 robot 代替人类劳动，"AI 理想国"难以想象。AI 理想国真的会如设想的那么好吗？批评者指出，即便是建造智能理想国，权力仍然掌握在专家手中，利用智能技术进行社会运行和治理就变成了一种智能化的操控，此处称之为智能操控。

与智能治理不同，智能操控显然超出了社会治理的范畴，人将完全失去自由。以 J. 伯恩哈姆（James Burnham）的"经理革命论"为例[①]，伯恩哈姆认为，社会运行是很专业的事情，应该交由专业管理人员即经理人管理。他还认为，未来社会既不是资本主义，也不是社会主义，而是职业经理人全面掌权的管理社会。他所谓的经理人，指在技术方面实际运转着公司、政府和非政府组织（NGO）的专业管理者，他们真正决定着各种社会组织的运转过程。

那么，伯恩哈姆心中未来理想的管理社会是什么样子的呢？在经济方面，资本主义有限国家被无限管理国家取代，经济基础是政府国有制，国家对主要生产工具进行控制。国有经济实际由经理人支配，国家几乎成为唯一的雇主，垄断分配权，资产阶级被铲除。在政治方面，经理人成为统治阶级，控制国家和政府，权力从民主制议会转移到国家机关手中。管理社会中政治与经济融

---

① Burnham J. The Managerial Revolution. Bloomington：Indiana University Press，1941.

合,政府官员也是经济裁决者。在意识形态方面,个人主义被国家主义、民族主义和集体主义所代替,崇尚金钱变为崇尚劳动,计划主义代替自由创造,对责任、秩序、效率和纪律的强调代替对权利、自由的讨论。

显然,智能革命如果与经理革命融合起来,伯恩哈姆的想法将可以实现,笔者称之为 AI 管理社会。比如国家成为唯一的雇主,如果没有全面的社会测量是不可以想象的。众所周知,伯恩哈姆的设想,受到奥威尔的激烈批评。对于奥威尔的著名小说《一九八四》,很多想法都是针对伯恩哈姆的。总之,AI 理想国好到让人不能相信,因而不得不防,它是我们信任的上限。

四、未来道路:"在乌托邦与敌托邦之间"

既有历史经验表明:人类社会走向极端方向的可能性极小,至善或极恶的理论状态极少出现,绝大多数情况呈现出有好有坏的现实状态。换言之,智能治理的未来发展道路应该是"介于乌托邦与敌托邦之间"的,这正是智能治理的信任阈值在人类社会的一种显现。至于它究竟是一条什么样的道路,不同国家、地区、文化和族群肯定会在具体历史语境中呈现出各自的特色。这个判断符合马克思主义辩证法的基本原理。

AI 理想国会出现吗?一些人担心,如果人类不用劳动,世界会不会毁灭?会不会整天吃喝玩乐,无事生非?恩格斯告诫我们:劳动是人类的本质。恩格斯说得很对,但什么是劳动,也在随着历史变化。比如,现在的网络直播肯定是劳动,主播只需要开个镜头,陪粉丝聊聊天或直播打游戏,就可以获得高额收入,几十年前完全不能想象这也算作劳动。在电影《机器人瓦力》(*Wall·E*)中,人类在机器人的照料之下,变成了行尸走肉,就连吃饭都是机器人喂到嘴里。更重要的问题是:如何让人类放弃现行的人压迫人的制度呢?我们将为此付出何种代价呢?比如 AI 失业问题,如果处理不好,结果会多么惨烈呢?

"AI 失业"问题的解决,必须同时考虑远景和现实两方面的情况。从远景来看,这牵涉到人类社会制度的根本性变革,而不仅是纯粹通过智能技术和智能治理的发展就能解决的。机器人能够取代人类劳动并不等于实际取代人类劳动,因为此种取代意味着取消少数人通过制度安排强迫大多数人进行劳动的剥削制度。从现实来看,社会制度进化需要很长的时间,必须逐步稳妥地推进，所以当务之急是为受到人工智能冲击的劳动者提供新的工作岗位，保证他们能享受科技进步带来的红利。从本质上说，解决"AI 失业"问题，要不断减少劳动者的工作时间，给予他们更多的闲暇时间，最终必须要彻底消灭剥削制度。20 世纪的劳动史表明：现代科技在生产中的运用，持续减少了社会必要劳动时间，"八小时工作制"和"双休制"被更多国家实施。总之，"AI 失业"问题突出反映了智能治理发展应该摒弃极端思维，寻找适合国情的"中道"辩证发展之路。

AI 机器国会出现吗？一些人认为，科技是为权力服务的，极权势力利用科技打造的监狱将是牢不可破的。但这种观点是错误的，就比如网络应用实际上存在两种并行的趋势：一方面电子监控确实可以用作极权利器，但是，网络也是民主的、自上而下的监督系统，信息披露也更加容易。按照马克思的说法，科技本质上是一种革命性的力量，它推动着人类的进步，但是也被阶级社会的统治阶级所利用，成为权力者的服务工具。而被统治阶级也可以利用科技谋求自身的解放。这就是科技与权力的辩证法。也就是说，将智能科技运用于社会公共事务并不必然导致 AI 机器国的出现，其结果取决于各种力量之间的博弈。仔细分析圆形监狱理论，可以发现：监狱看守也并非失去约束，因为上级或民主监督机构可以不定时地来视察他们的工作情况。Y. 埃兹拉希（Yaron Ezrahi）则据此指出，圆形监狱是可以倒转的：将人们放入看守塔，可以将治理者的言行曝光于民主持久的监督之下，于是监视便转变成监督。显然，这种监督很好地将治理者置于不知道会被谁检举的"匿名压力"下。

针对 AI 机器国的潜在问题，可以通过制度设计来发挥技术治理的正面作用，同时防范智能治理的风险。这正是有限技治理论的核心要义。首先，要防范 AI 总体化风险，设计开放的社会制度，防止封闭孤立社会的出现。历史经验说明：至大无外的总体化治理往往发生在封闭孤立的社会，而对外界保持开放、沟通和包容的社会往往可以在很大程度上避免总体主义冲动。其次，要容忍治理与反治理在现实中的动态平衡——你可以技术地治理我，我也可以技术地反抗你。智能治理系统不可能完全消除反治理行为，否则结果必然是整个治理系统的崩溃。最后，要加强再治理制度设计，对专家权力进行约束：一是要设定专家权力的边界，二是要对越权行为采取应对措施。

五、缓解信任焦虑:"从大设计到小设计"

解决智能治理的信任问题,缓解智能治理带来的信任焦虑,不能仅停留在道德主义的舆论批评层面,还需要从制度层面加以应对。这里强调一点,对于智能治理系统的设计,要"从大设计转向小设计",真正实现可信任的智能治理。

在大数据时代,算法与数据评估对我们的社会生活以及社会政策的制定产生了重大影响,有学者称之为"社会算法",以此强调大数据算法的社会权力维度[1]。有些学者对大数据治理持有强烈的乐观态度,认为它可以让我们向一个更加"整合、灵活、全面的政府"的方向前进[2],甚至最终形成一个可被控制、被预测的"数据乌托邦",整个社会将像发条装置一样精确运行,符合理性、逻辑与公平[3]。但由于在大数据治理的框架下,数据收集活动的规模和范围不断扩大引起了许多评论人士的担心。其中最有代表性的就是 S. 祖博夫(Shoshana Zuboff)所谓的"监控资本主义"(Surveillance Capitalism)。她认为,由于政府与企业能够通过数据的监测与分析,充分地了解个体并预测个体的行为,它们就掌握了对个体施加严格控制的力量,以大数据算法塑造人类的行为[4]。

我们看到,信任上限和信任下限均属于传统的"大设计"的技术治理实践在大数据时代的延续。"大设计"主张人类社会存在某个可以被发现的终极形态,然后应当以此终极形态为蓝图对社会实行自上而下的改造。最早主张"大设计"的社会改造的思想家以法国的圣西门和孔德为代表,他们试图像发现物理学规律一样发现精确的社会规律,然后根据这些规律对社会进行总体改造,从而将人类社会建设为某个终极的理想国。

我们要清醒地认识智能治理的有限性,因为现实世界远比数字世界要复杂。建基于数据的智能治理对效率的提高是有限的,并非"完美利器",它在很多情况下同样会"失灵",甚至走向降低社会效率的反面。智能治理的设计

---

[1] Lazer D. The rise of the social algorithm. Science,2015,348(6239):1090-1091.
[2] Dunleavy P,Margetts H,Bastow S,et al. New public management is dead:long live digital-era governance. Journal of Public Administration Research and Theory,2006,16(3):467-494.
[3] Helbing D. Towards Digital Enlightenment. New York:Springer International Publishing,2019:53.
[4] Zuboff S. The Age of Surveillance Capitalism. London:Profile Books,2019.

者和实施者都要坚持科技谦逊主义，牢记智能技术的有限性，防止迷信科技力量和"大数据崇拜"的唯科学主义倾向，采取具体语境具体分析的审度态度。

坚持有限技治原则，意味着智能治理从"大设计"转向"小设计"。运用理性和计算，对数字时代的某些社会规则进行有限调整，是渐进社会工程的重要例子。规则不断被设计、被实施，随时接收反馈，然后不断调整、修正甚至重塑。在智能时代，没有一成不变的规则，不变的是设计规则的尝试。在前数字时代，思想家们喜欢构想宏大的社会工程，将社会的方方面面均囊括其中，但缺乏对社会状况的真实理解。相反，数字时代给治理者提供远较之前更详尽的社会大数据，使人们从对至大无外的乌托邦的迷恋中解脱出来。从规则设计的角度看，在智能治理活动中，"小设计"接替了"大设计"。社会规则的"小设计"意味着规则的语境化、地方化、多元化和试错化，时刻保持对真实世界的敏感性。埃兹拉希将渐进社会工程的兴起称为"微观乌托邦的兴起"[1]。

用传统"大设计"的观点错误地看待大数据治理，是当前学界对于大数据治理的方法、目的、前景争论不休，陷入误区的原因之一。大数据社会治理所遵循的逻辑不是从算法到社会再到个体的单向影响，而是控制论式的递归循环；大数据算法并不追求特定目的与特定手段，而是追求在实时反馈中不断地控制与调整；人们并非像处于圆形监狱一样受到大数据算法侵入性的注视，而是如同在教堂里"告解"（confession），即通过大数据平台自愿坦白自己的个人信息，以换取在大数据时代生活的便利[2]。可见，大数据治理方式与"大设计"的社会治理实践存在着许多根本的不同。所以我们必须探索出一套真正符合大数据治理实践的社会规则，来取代以往对于"大设计"的迷恋，笔者将这种新的规则设计称为"小设计"。

六、结　语

智能治理势不可挡，也无法逃避。我们只能根据自身的情况走出一条更好的道路，努力将智能治理的发展置于一个可信任的阈值区间。智能革命将每个

---

[1] 埃兹拉希. 伊卡洛斯的陨落：科学与当代民主转型. 尚智丛，王慧斌，杨萌，等译. 上海：上海交通大学出版社，2015：367.

[2] Boellstorff T. Making big data, in theory. First Monday，2013，18（10）. https://doi.org/10.5210/fm.v18i10.4869.

人都裹挟其中，人人有关，人人参与，人人有责。与其消极拒绝或者沉沦在一种悲观的宿命论中，不如积极参与，为建设一个更美好的智能治理社会贡献力量，同时让智能治理真正为社会福祉和人民利益服务。

Trust Thresholds for Intelligent Governance

Liu Yongmou Peng Jiafeng
（Renmin University of China）

Abstract：Contemporary society is a technically governed society. The emergence of the intelligent revolution has propelled technical governance to ascend to a new phase known as "intelligent governance synthesis". The proactive response to sudden public health emergencies has vividly highlighted the efficacy of intelligent governance, yet it has also revealed certain issues inherent in the advancement of technical governance, particularly the issue of social trust in intelligent governance. The level of trust in intelligent governance fluctuates with different nations and cultures, but fundamentally, there exist trust thresholds—a minimum threshold of trust and a maximum threshold of trust. The former indicates a dystopian scenario for intelligent governance, while the latter suggests a utopian vision, and the trajectory of future development will inevitably fall somewhere between these two extremes. In the architectural design of intelligent governance systems, the paradigm shift from "big design" to "small design" in the rules can assist in mitigating trust anxiety and in achieving a truly trustworthy form of intelligent governance. This approach emphasizes a more granular and nuanced design process that is better attuned to society's diverse needs and expectations, thereby fostering a greater sense of trust and confidence in the systems that govern our lives.

Keywords：intelligent governance, trust, utopia, gradualism

附　　录
Appendixes

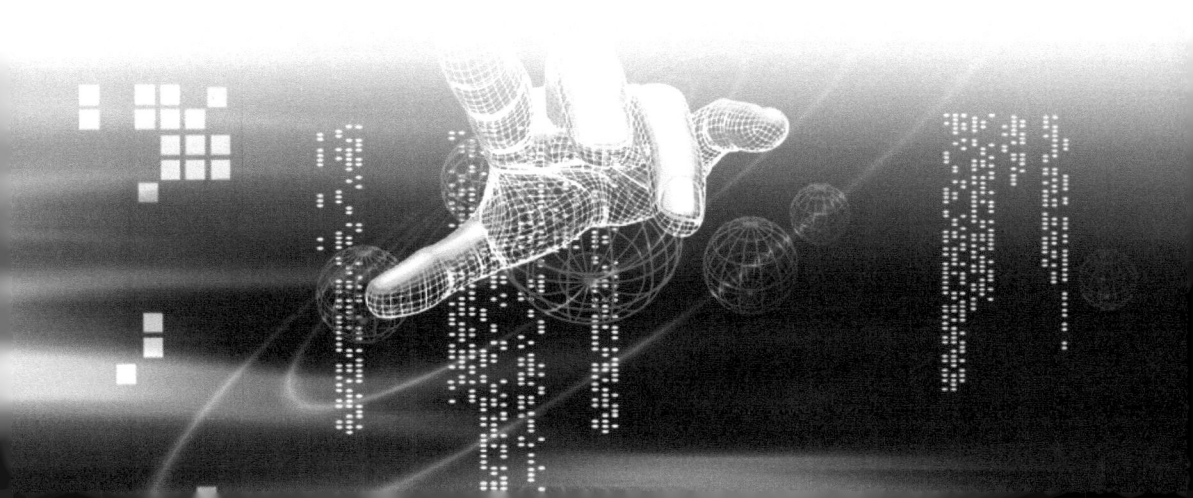

作者简介
Notes on Contributors

曹忆沁，复旦大学哲学学院伦理学硕士研究生，研究方向为科技伦理，研究兴趣为人机交互中的伦理问题与人机关系问题。

Cao Yiqin is a master student of ethics at the School of Philosophy, Fudan University. Her research focuses on technology ethics, with special interest in human-robot relationship and ethical issues in human-robot interaction.

成素梅，上海社会科学院研究员，上海社会科学院哲学研究所副所长，《哲学分析》杂志主编，国际"逻辑学、方法论和科学技术哲学"协会（CLMPST）理事（2019—2023 年），中国自然辩证法研究会常务理事。研究方向为科学哲学、量子力学哲学、休闲哲学和人工智能哲学。

Cheng Sumei is a researcher at the Shanghai Academy of Social Sciences, where she also serves as the Deputy Director of the Institute of Philosophy and the Editor-in-Chief of the Journal of Philosophical Analysis. Dr. Cheng is a Council Member of the International Division of Logic, Methodology, and Philosophy of Science and Technology (DLMPST) for the 2019-2023 term and an Executive Board Member of the Chinese Association for Dialectics of Nature. Her research interests include the philosophy of science, the philosophy of quantum mechanics, the philosophy of leisure, and the philosophy of artificial intelligence.

克里斯托夫·胡比希，达姆施塔特工业大学荣休教授，哲学博士。曾先后担任莱比锡大学社会科学和哲学系主任、斯图加特大学副校长和达姆施塔特工业大学社会科学与历史学系主任。主要研究方向为实践哲学、技术和文化哲学以及科学哲学。

Christoph Hubig is a Professor Emeritus at Darmstadt University of Technology. He worked as Dean of the Faculty of Social Sciences and Philosophy at the University of Leipzig, Vice-Rector of the University of Stuttgart and Dean of the Faculty of Social Sciences and History at the Technical University of Darmstadt. His research areas are practical philosophy, philosophy of technology and culture, and philosophy of science.

安蒂·考皮宁（Antti Kauppinen），赫尔辛基大学实践哲学教授，芬兰科学院研究项目"负责任的信念"的首席研究员（2019—2023年）。《哲学与现象学研究》杂志编辑（2022年起）。他的主要研究领域是伦理学和元伦理学，其研究涉及规范性、人生意义、幸福感和道德情感等主题。

Antti Kauppinen is a Professor of Practical Philosophy at the University of Helsinki and the Principal Investigator of the Academy of Finland Research Project "Responsible Beliefs: Why Ethics and Epistemology Need Each Other"(2019-2023). Since November 2022, he has been an editor at the journal Philosophy and Phenomenological Research. His work primarily focuses on ethics and metaethics, covering topics such as normativity, meaning in life, well-being, and moral sentiments.

刘永谋，中国人民大学哲学院教授，博士生导师。主要研究方向为科学技术哲学，STS，科学、技术与公共政策。

Liu Yongmou is a professor at the School of Philosophy, Renmin University of China, and a doctoral supervisor. His main research interests include the philosophy of science and technology, STS, science, technology and public policy.

刘瑶，复旦大学哲学学院伦理学专业博士研究生，研究方向为生命伦理学，主要集中在自主性、关系性自主和医患关系问题。

Liu Yao is a Ph.D. student at the School of Philosophy, Fudan University. Her research focuses on bioethics, with a particular emphasis on autonomy, relational autonomy, and doctor-patient relationships.

格伦·米勒（Glen Miller），得克萨斯农工大学教授，美国北得克萨斯大学博士。

Glen Miller is an instructional associate professor of philosophy at Texas A&M University. He received his Ph.D. in Philosophy from the University of North Texas.

卡尔·米切姆（Carl Mitcham），工程和技术哲学家，美国科罗拉多矿业学院的人文、艺术和社会科学名誉教授，中国人民大学的客座国际技术哲学教授。

Carl Mitcham is a philosopher of engineering and technology, Professor Emeritus of Humanities, Arts, and Social Sciences at the Colorado School of Mines, and a Visiting International Professor of Philosophy of Technology at Renmin University of China.

彭家锋，中国人民大学哲学院博士研究生，主要研究方向为科学技术哲学、STS。

Peng Jiafeng is a Ph.D. candidate at the School of Philosophy, Renmin University of China. His main research interests include the philosophy of science and technology, as well as STS.

玛瑞娅·谢特曼，伊利诺伊大学芝加哥分校博士，LAS杰出哲学教授，综合神经科学实验室成员。

Marya Schechtman earned her Ph.D. from the University of Illinois at Chicago. She is an LAS Distinguished Professor of Philosophy, as well as a member of the Laboratory of Integrative Neuroscience.

邵健飞，浙江大学哲学学院伦理学方向博士研究生，浙江大学脑机智能全国重点实验室哲学组成员，主要研究方向为科技伦理、元伦理学。

Shao Jianfei is a Ph.D. candidate specializing in ethics at the School of Philosophy, Zhejiang University. He is also a member of the Philosophy Group at Zhejiang University's Brain-Machine Intelligence Laboratory. His research interests include metaethics and technoethics.

孙玉莹，大连理工大学人文学院哲学系博士研究生，主要研究方向为科技伦理。

Sun Yuying is a Ph.D. candidate in the Department of Philosophy, College of Humanities, Dalian University of Technology, with a major research interest in the ethics of science and technology.

闫雪枫，复旦大学哲学学院和生命医学伦理研究中心博士研究生，研究方向为生命伦理学，主要集中在生物医学增强的伦理问题方面。波士顿学院教育评估硕士，东南大学哲学学士。

Yan Xuefeng is a Ph.D. student at the School of Philosophy and the Center for Biomedical Ethics at Fudan University. Her research focuses on bioethics, particularly ethical issues related to biomedical enhancement. She received a B.A. in Philosophy from Southeast University and an M.Ed. in Educational Evaluation and Assessment from Boston College.

杨吟竹，剑桥大学哲学系博士生，研究方向为心智哲学和科学哲学，尤其是认知科学哲学。

Yang Yinzhu is a Ph.D. student in Philosophy at the University of Cambridge. Her research interests include the philosophy of mind, the philosophy of science, and especially the philosophy of cognitive science.

张运洁，复旦大学超级博士后，现为复旦大学哲学学院流动站博士后。在《价值探讨杂志》《伦理视角》《宗教》等社会科学引文索引（SSCI）、艺术与人文科学引文索引（A&HCI）杂志发表过学术文章。

Zhang Yunjie is a super postdoctoral fellow at the School of Philosophy, Fudan University. She has published articles in SSCI and A&HCI journals such as The Journal of Value Inquiry, Ethical Perspectives, and Religions.

周境林，复旦大学哲学学院博士后，主要研究方向为科学技术伦理、道德心理学与道德认知论。

Zhou Jinglin is a postdoctoral fellow in the School of Philosophy at Fudan University, focusing on the ethics of technology, moral psychology, and moral epistemology.

朱林蕃,现任复旦大学科技伦理与人类未来研究院青年副研究员。主要研究领域为人工智能伦理、数字伦理、认知科学与心理学哲学、社会知识论等。

Zhu Linfan is currently serving as a Junior Researcher Associate at the Institute of Technology Ethics for Human Future at Fudan University. He specializes in research areas including the ethics of artificial intelligence, digital ethics, the philosophy of cognitive science and psychology, and social epistemology.

征 稿 通 知
Call for Papers

《科技伦理研究》是由复旦大学和科学出版社联合主办的应用伦理学辑刊。本刊由复旦大学哲学学院教授、中国科协-复旦大学科技伦理与人类未来研究院院长王国豫担任主编，国内外知名学者组成学术指导委员会，每期聚焦一至两个学术主题，介绍应用伦理学领域的前沿动态，研讨应用伦理学的理论与实践问题。本刊坚持"双高"原则，即高学术水准和高学术品味，致力于为哲学、科技伦理学、社会学、法律等领域的研究者和实践者提供科技伦理前沿学术咨询、深度案例解析和学术研究成果。

一、本刊热忱欢迎海内外专家和青年才俊投稿，常设栏目有：生命医学伦理、大数据与人工智能伦理、科学伦理与治理和精彩书评等。投稿邮箱：bioefd@126.com。

二、本刊文章字数15 000字以内。来稿请提供文章的中英文摘要、关键词。摘要要高度概括、反映文章的主要观点和思路。

三、本刊采取匿名评审制度，全部来稿均经过初审、复审环节，处理时间为3个月，在此期间请勿一稿多投；本刊有权对拟录用稿件进行文字表达和技术修改。

四、本刊稿酬优厚，凡来稿均视为同意通过微信公众号（FDU科技伦理与人类未来研究院）推广。

五、凡在本刊刊发文章，版权属于《科技伦理研究》编辑委员会，基于任何形式和媒体的转载、翻译、结集出版均事先取得《科技伦理研究》编辑委员会的授权。

六、注意事项

1. 文稿请按照题目、作者、正文、参考文献的次序撰写。如需要注明基金课题，请详细列出课题名称、课题号。

2. 需要提供作者的工作单位、研究方向；文末请附上作者的电子邮件地址和电话。

《科技伦理研究》编委会